零概念也能樂在其中！
探索神祕的宇宙原理＆構造

圖解 最好懂的

宇宙百科

高能加速器研究機構
基本粒子原子核研究所 教授
松原隆彦／監修

鄒玟羚、高詹燦／譯

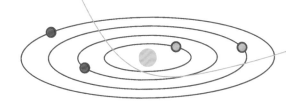

前言

　　「雖然對太空感興趣，但總覺得，太空的事好像很難懂。」「以前在學校學過，但之後就沒有再接觸了。」我特別希望這樣的讀者拾起這本書。只要稍微翻一翻本書就會發現：一個個有關太空的主題，都以簡潔的文章與插圖，搭配淺顯易懂的解說，呈現在各頁面上。本書在編排上下了一點功夫，讓讀者們能夠立刻從感興趣的篇章開始讀起，而不必依序慢慢閱讀。書中亦有最新資訊，因此，即便遇到以前涉獵過的知識，也很適合拿來複習，順便吸收新知。

　　人們的太空知識正不斷地更新。從前無法想像的技術正在逐一實現。民營企業主導太空開發案的報導，也變得時有所聞。阿波羅計畫後中斷了一陣子的外星生命探索計畫，也正在規劃重啟。此外，隨著探索技術的進步，相關理論及研究也有了大幅進展，讓人們更加了解遙不可及的天體，以及我們所居

住的宇宙。從人造衛星、太陽系、銀河系，到整個宇宙——本書將帶領各位讀者，前往太空研究、開發的最前線。

宇宙浩瀚無垠。人類雖已掌握了不少相關知識，但太空中仍然充滿著未知謎團。「了解宇宙、開拓宇宙」肯定會為人類帶來更大的可能性。前方一定還有許多必須克服的難關。而在那之後，又有什麼樣的未來等著我們呢？請各位一面閱讀本書，一面享受那個平時不太會去注意的宏大世界。若能讓各位對那超乎常識的宇宙風貌產生憧憬，我便倍感欣慰。

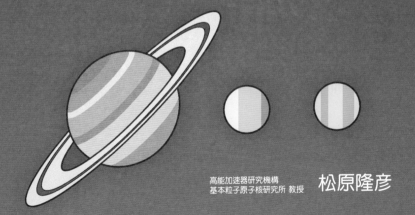

高能加速器研究機構
基本粒子原子核研究所 教授　　松原隆彦

目次

第**2**章 太陽系的各種相關疑問

第**3**章 與太空有關的技術與最新研究 ……… 155 ▼ 186

● 本書未特別標記之處，皆以原書於日本發行之2020年9月1日的最新資訊作為基準。

第 **1** 章

讓人好奇的

太空
大小事

夜空中有著浩瀚無垠的宇宙。
那麼，宇宙究竟是什麼樣的地方呢？
宇宙的大小、星球的一生、超新星⋯⋯
讓我們來一窺神祕宇宙的運行機制吧！

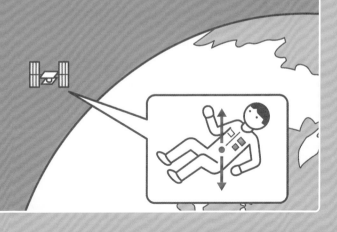

01 [基礎] 宇宙的盡頭是什麼樣子？

原來如此！ 人類只能觀測到**約138億年前**的宇宙邊際。
理論上則推測宇宙邊緣在**約464億光年外**！

宇宙的盡頭在哪？宇宙究竟有多大？

舉例來說，在地球上，我們並無法看見地平線另一側的陸地與海洋。在太空中也是同樣的道理，而我們能夠觀測的宇宙邊緣，就稱為**「宇宙的地平線」**〔**圖1**〕。**我們所見的宇宙地平線，最遠只到138億光年外**，至於另一側的宇宙長什麼樣子，則無從觀測。

我們看到的星光，都是花費多年才從星星上傳到地球的光。假設有一顆距離地球4光年的星星，那麼我們看到的星光，就是那顆星星於4年前發出來的光。「光」是這個宇宙中速度最快的東西。人們推測，宇宙誕生於138億年前。以光來觀測宇宙的話，最多只能觀測到138億年前的東西而已。所以換句話說，現在的宇宙地平面，具有讓光移動138億年的大小。

而且，**宇宙每年正以4光年的距離向外擴張中**。在「138億年前發出的光傳向地球」的這段時間內，宇宙也在持續膨脹。換言之，我們觀測到的「位在138億光年外的天體」，現在已經跑到約464億光年外了。因此我們可以計算出：**理論上存在的宇宙邊緣，就位在距離地球約464億光年外的地方**〔**圖2**〕。

▶ 何謂「宇宙的地平線」？〔圖1〕

可觀測的宇宙邊緣，稱為「宇宙的地平線」，就跟地球上的地平線一樣。

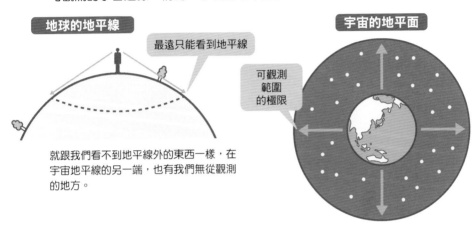

地球的地平線

最遠只能看到地平線

就跟我們看不到地平線外的東西一樣，在宇宙地平線的另一端，也有我們無從觀測的地方。

宇宙的地平面

可觀測範圍的極限

▶ 現在的宇宙大概有多大？〔圖2〕

由於宇宙不斷膨脹，再加上宇宙誕生至今已經過了138億年，因此理論上，宇宙的半徑已達到464億光年。

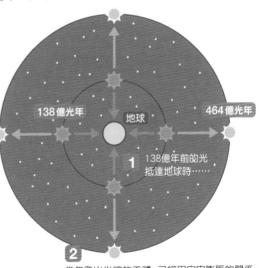

138億光年　　地球　　464億光年

1 138億年前的光抵達地球時⋯⋯

約138億年前的電波

在這個宇宙中，可觀測的最古老的光（電波），是來自宇宙誕生37萬年後。目前已觀測到宇宙復合時代（➡P63）放射出來的電波，即「宇宙微波背景輻射」。

2 當年發出光線的天體，已經因宇宙膨脹的關係，而跑到464億光年外了。

▶地球與太陽系

一般而言，距離地表約100公里以上的上空，即稱作太空（宇宙）。地球周圍的國際太空站（ISS）與人造衛星，都飛行在我們有辦法利用的太空範圍內。

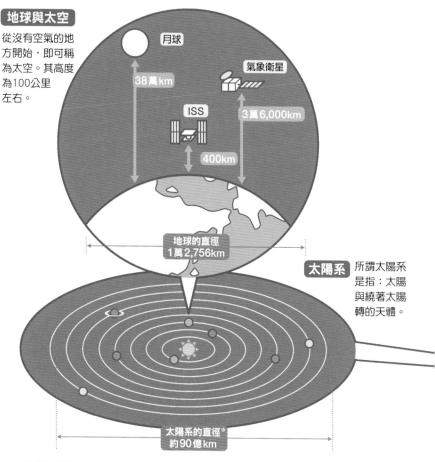

地球與太空

從沒有空氣的地方開始，即可稱為太空。其高度為100公里左右。

月球

氣象衛星

38萬km

ISS

3萬6,000km

400km

地球的直徑
1萬2,756km

太陽系 所謂太陽系是指：太陽與繞著太陽轉的天體。

太陽系的直徑*
約90億km

月球距離地球約38萬公里，是離地球最近的天體。太陽與地球的距離，則是1億5,000萬公里。而這個以太陽為中心，有著行星、小行星等天體的領域，就叫做太陽系。

＊從太陽到海王星距離的2倍

▶銀河（天河）與太空

太陽系屬於銀河系的一部分。銀河系為螺旋形的巨大天體，其直徑約為10萬光年，厚度約為1,000光年。銀河系中估計有1,000億～4,000億顆像太陽那樣的恆星。

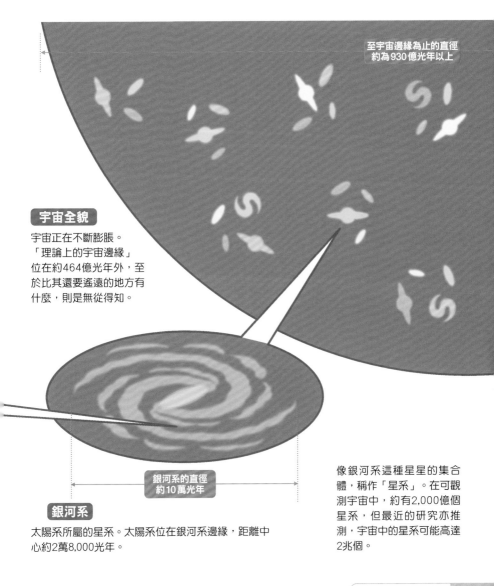

至宇宙邊緣為止的直徑約為930億光年以上

宇宙全貌

宇宙正在不斷膨脹。「理論上的宇宙邊緣」位在約464億光年外，至於比其還要遙遠的地方有什麼，則是無從得知。

銀河系的直徑約10萬光年

銀河系

太陽系所屬的星系。太陽系位在銀河系邊緣，距離中心約2萬8,000光年。

像銀河系這種星星的集合體，稱作「星系」。在可觀測宇宙中，約有2,000億個星系，但最近的研究亦推測，宇宙中的星系可能高達2兆個。

02 行星？恆星？
[基礎] 天體有哪些種類

原來 如此！ 太空中有**行星**、**衛星**、**恆星**、
星團、**星雲**、**銀河**……等各種天體

當我們仰望夜裡的星空時，就能看見無數個天體。用肉眼看的時候，雖然可以區分出亮度、顏色上的差異，卻無法辨識出它們各別是什麼樣的天體。不過，只要使用望遠鏡，就會發現**星星可分為好幾個種類**〔**圖1**〕。

有幾顆明亮、可見的星星是「**行星**」。行星是繞著太陽運行的天體，其**本身並不會發光，但是會反射太陽光，所以看起來很明亮**。地球也是行星之一，而地球又帶有一顆叫做月球的「**衛星**」。火星、木星、土星等行星也都擁有各自的衛星。

組成星座的星星們，幾乎都**跟太陽一樣，屬於會自行發光的「恆星**」。若有數個～數十萬顆恆星集結在一起，就可稱之為「**星團**」。

飄盪在太空中的氣體被星光照亮後，會形成像雲一般的明亮天體。這種天體就叫做「**星雲**」。也有一些星雲會遮蔽後方的星光，因而看起來黑黑的。

宇宙中還有一些由1,000萬～100兆顆恆星集結而成的大型星星集團，這樣的天體就叫做「**星系**」。太陽系所在的銀河星系，也是大型星星集團之一。「**銀河（天河）**」指的是由內側觀看銀河系的模樣，因此滿天繁星看起來就像一條河一樣〔**圖2**〕。

▶ 各式各樣的天體〔圖1〕

宇宙中有各式各樣的天體。我們可以根據形狀、大小來替天體分類。

衛星
繞著行星轉的星球。不會發光。

行星
繞著恆星轉的星球。不會發光。

恆星 會自體發光的星球。夜空裡的星星幾乎都是恆星。

星團
恆星的集團。彼此的重力使彼此聚在一起。

星雲
很多星際物質（➡P36）聚在一起，看起來就像雲一樣。

星系
由許多恆星、星際物質等集結而成的天體。

▶ 銀河系的構造〔圖2〕

太陽系所在的銀河系，是一個由許多星球組成的大圓盤狀天體。因此，從內側觀看銀河系中心，就會看到星星有如河流般排列成帶狀。

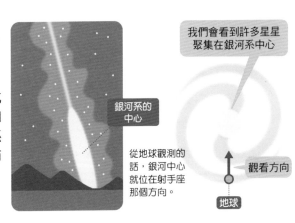

我們會看到許多星星聚集在銀河系中心

銀河系的中心

從地球觀測的話，銀河中心就位在射手座那個方向。

觀看方向

地球

讓人好奇的太空大小事 第**1**章

03 [基礎] 1光年有多遠？測量宇宙的單位是？

原來如此！ 用來表示**宇宙大小**的三種單位
分別是：**天文單位＜光年＜秒差距**

　　人們常用「光年」一詞來表示太空中的距離，對吧？除了「光年」之外，「天文單位」和「秒差距」也是**表示宇宙距離的單位**。而這些單位分別代表什麼意思呢？

　　首先是「**天文單位**」。太陽與地球的距離為1億4,960萬km，因此人們**將太陽與地球的距離，訂定為1天文單位（AU）**〔**右圖**上〕。在相對狹小的範圍內，好比太陽系內，就能以1天文單位作為標示距離的基準。若以天文單位表距離，就能簡單明瞭地標示成：太陽距離木星約5AU、距離土星約10AU、距離天王星約20AU、距離海王星約30AU。

　　接著是「**光年**」。標示地球到其他恆星或星系的距離時，若使用天文單位，就會造成數字過大，所以才要改用光年〔**右圖**中〕。1光年是**指光行進1年的距離**，大約是9兆5,000億km。太陽距離最近的恆星「比鄰星」約4.2光年，距離北極星433光年，距離仙女座星系230萬光年。

　　「**秒差距**」是指，**從地球上觀測時，恆星視差**〔**右圖**下〕**為1角秒的星際距離**。1秒差距＝約3.26光年。用秒差距來表示距離時，數值較小，較方便運用，因此主要是天文學家在使用的單位。

1秒差距＝約3.26光年＝約20萬6,265AU

▶ 用來表示宇宙大小的距離單位

天文單位(AU) 太陽～地球的距離。主要用於標示太陽系內天體之間的距離。

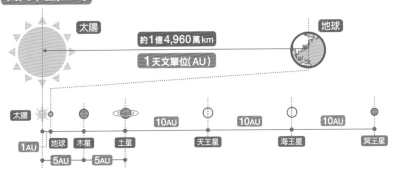

太陽
地球
約1億4,960萬km
1天文單位(AU)

太陽
1AU 地球 木星 土星 10AU 天王星 10AU 海王星 10AU 冥王星
5AU 5AU

光年 光在太空中行進1年的距離。

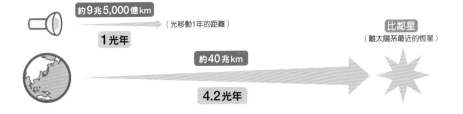

約9兆5,000億km
（光移動1年的距離）
1光年

比鄰星
（離太陽系最近的恆星）

約40兆km
4.2光年

秒差距(pc) 恆星視差為1角秒的距離。計算時以天文單位為基準。

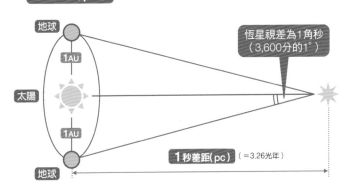

地球
1AU
太陽
1AU
地球

恆星視差為1角秒
（3,600分的1°）

1秒差距(pc)（＝3.26光年）

恆星視差

地球公轉使我們移動到不同位置上，而我們在兩個相異位置上，觀測同一個天體時，就會產生視角差。只要知道恆星視差，就能利用三角測量計算出該天體至地球的距離。

04 宇宙空間是「真空」嗎？或者說，有什麼東西嗎？

[基礎]

原來如此！ 太空是「**趨近真空的狀態**」。跟地球的空氣相比，只有一點點物質而已！

　　人們常說，宇宙是「真空」狀態。「真空」通常是指「什麼物質都沒有的狀態」，但是在理論上，「沒有任何東西的狀態」應該稱為「絕對真空」。宇宙空間並非「絕對真空」，而是**有少量原子、分子存在其中**。至於所謂的「少量」究竟是多少呢？就拿地球上的數值來比較吧。

　　包覆地球的大氣，是由氮、氧等元素的分子所組成。以地表的空氣（0℃時）來說，每1cm³中就含有**約2,700京（2,700萬的1兆倍）個分子**。

　　相較之下，在恆星與恆星之間的遼闊宇宙空間中，每1cm³僅含有**1～數個分子或原子**。跟地球上相比，宇宙中的物質含量便顯得相當稀少〔**圖1**〕。

　　這些稀疏的物質又可分成兩種，一種是氣體（gas），稱**星際氣體**；另一種是**固體微粒**。部分氣體與微粒子，經過長年累月的集結，使密度變大後，就會變成孕育新星球的材料（➡P36）。地球等行星也是由這樣的物質所形成的。

　　太空中不僅有原子、分子等物質，還有電波、光、宇宙射線這三種粒子穿梭於宇宙中。除此之外，尚充滿謎團的暗物質、暗能量也存在於宇宙中〔**圖2**〕。

▶1cm³的空間內所含的原子／分子數量〔圖1〕

太空中的密度比地球上來得低。

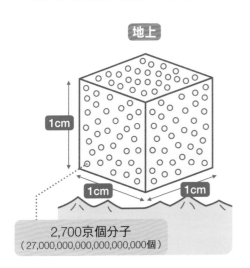

地上

1cm
1cm
1cm

2,700京個分子
（27,000,000,000,000,000,000個）

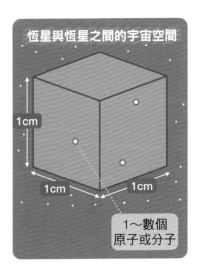

恆星與恆星之間的宇宙空間

1cm
1cm
1cm

1～數個
原子或分子

▶在太空中穿梭的東西〔圖2〕

宇宙空間內除了有原子、分子之外，還有各式各樣的東西。

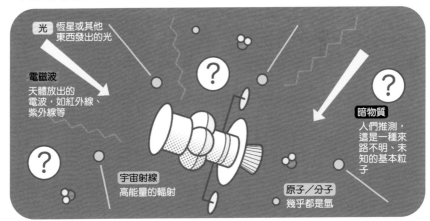

光
恆星或其他
東西發出的光

電磁波
天體放出的
電波，如紅外線、
紫外線等

?

?

暗物質
人們推測，
這是一種來
路不明、未
知的基本粒
子

?

宇宙射線
高能量的輻射

原子／分子
幾乎都是氫

Q 人體若直接暴露在太空中，會發生什麼事？

| 破裂 | or | 乾掉 | or | 意外地毫無變化 |

太空中沒有空氣，接近真空狀態，因此人類進入太空時都會穿著太空衣。假如沒穿太空衣直接進入太空中，那麼人體會變成怎麼樣呢？

　　一般來說，距離地表100km以上的地方就稱為外太空。首先，這個地方幾乎沒有空氣，因此，**假如人體直接暴露在這種環境下，那麼肯定會在數分鐘內窒息而亡。**

　　就算立刻憋氣，也會因為太空的氣壓趨近於零，而導致肺裡的空氣膨脹，造成肺部損傷。假如把肺裡的空氣吐光，就能暫時保住肺

臟，而且體內循環系統的血壓也能維持穩定。雖說如此，終究還是會因為血液無法繼續向大腦供氧，而在數分鐘後死亡。

你或許會想：如果帶著**潛水用的氧氣瓶**，是不是就能解決空氣的問題了？但這樣是行不通的。水在地表時，沸點是100℃，但是在高山等氣壓較低的地方時，沸點也會隨之降低。在氣壓趨近於零的太空中，**體表附近的淚液、唾液等水分，就會在低於體溫的溫度下開始沸騰**。

水分一旦沸騰，體積就會增加1,000倍以上，而身體也會隨之膨脹。不過，雖說人體不是密閉的構造，卻也受到皮膚包覆，而且血管也是封閉的系統，因此，人體並不會膨脹到立刻破裂的程度。

淚液與唾液沸騰，隨後，血管內也會產生水蒸氣，使血液停止流動。如此一來，大腦就會缺氧、失去意識，然後大概在幾分鐘內就會因為窒息或腦死而死亡。死亡後，遺體會先被體內水分沸騰所產生的水蒸氣撐到膨脹，待水蒸氣排完之後，就會乾掉。因此，正確答案是「乾掉」。

高度與氣壓

太空中的氣壓趨近於零，使得水的沸點降低。因此連體內的水分也會沸騰。

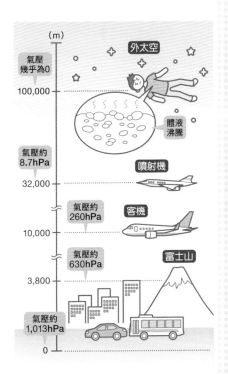

（m）

外太空

氣壓幾乎為0

100,000

體液沸騰

氣壓約 8.7hPa

噴射機

32,000

氣壓約 260hPa

客機

10,000

氣壓約 630hPa

富士山

3,800

氣壓約 1,013hPa

0

讓人好奇的太空大小事 第**1**章

明明有太陽，為何太空還那麼暗？

原來如此！ 太空中的**粒子稀少**，因此**無法反射光線照亮周遭**！

只要看看從國際太空站（ISS）上拍攝的影像，就會發現太空中明明有太陽，卻還是一片漆黑。在地球上，只要是白天就很明亮，那麼太空中為何會那麼暗呢？

試想一下我們的居住環境吧。我們之所以「看得見東西」，**是因為光線照射在物體上，然後被物體反射到我們的眼中**〔**右圖**上〕。

地球上有空氣，而空氣中飄有許多細小的灰塵、水、氣體等粒子。**陽光照射到這些粒子後，就會被反射到四面八方。**當太陽光從海面或是地面反射，反射至四面八方，這些光便照亮了四周，所以地球上的白晝看起來才會如此明亮。

至於太空中是什麼狀態呢？ISS所在的高度為400km左右，那裡已經接近真空狀態，幾乎沒有任何的空氣和灰塵。即使陽光照射過去，**也沒有灰塵、氣體等粒子可以反射光線。**

於是，光線只會直接通過，不會照亮周圍，也因此不會有光線進入我們的眼球內〔**右圖**下〕。因此，太空看起來總是暗的。

在地球上，大氣中的粒子會反射陽光

▶「地球上明亮」與「太空中昏暗」的原因

陽光照射到懸浮在空氣中的細小塵埃、水、氣體等粒子上，然後被反射、四散到周圍，因此地球上很明亮。

在地球上 空氣中的粒子反射陽光，使四周看起來很明亮。

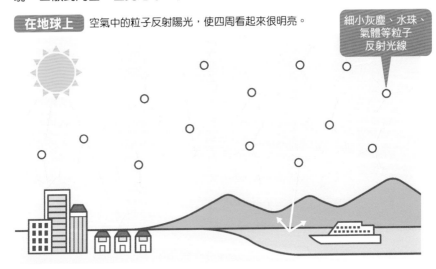

細小灰塵、水珠、氣體等粒子反射光線

在太空中 沒有灰塵、氣體等粒子可以反射陽光，所以看起來很昏暗。

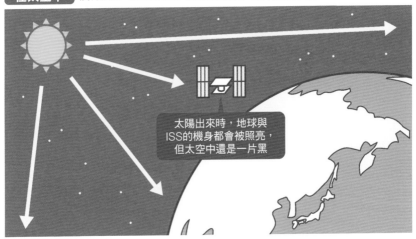

太陽出來時，地球與ISS的機身都會被照亮，但太空中還是一片黑

讓人好奇的太空大小事 第**1**章

06 星球之間會互相牽引？「引力」是什麼力量？

[基礎]

原來如此！ 引力是星球之間**互相拉扯的力量**。
假如沒有引力，**星球就不會誕生**！

「引力」在宇宙中，具有什麼樣的意義呢？

任何具有質量的物體之間，都會有**互相牽引的力**。這種力就叫做**萬有引力**〔**圖1**〕。英國的物理學家，牛頓發現了這種力，並整理出為世人所知的「萬有引力定律」。

在地球、月球這種**質量較大的物質之間，會產生非常大的萬有引力**（引力）。此作用力也使得地球與月球互相吸引、繞轉。而地球、火星與木星等行星持續繞著太陽轉，也是因為各行星與太陽之間有著萬有引力。

假如星球之間的引力突然消失的話，會發生什麼事呢？若地球與太陽之間不再有引力，那麼**地球就會像擲鏈球的鏈球一樣，從太陽的「手」中離去，最終飛出太陽系**。其他行星也一樣。不僅如此，就連太陽系所在的銀河系，以及恆星、星雲等天體，也都在彼此的引力的影響下相互牽引，因此才會湊在一起。

說到底，要是物體之間沒有引力的話，氫之類的物質就不會聚集在一起，而**星球也不會誕生**吧。

所有物體都會互相吸引、拉扯

▶ 何謂萬有引力定律？〔圖1〕

萬有引力定律由下列兩種規律構成。

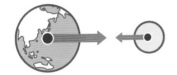

① 重量愈大，引力愈強

兩個物體的質量愈大，作用力愈強。

② 距離愈遠，引力愈弱

兩物體相隔愈遠，彼此之間的作用力愈弱。

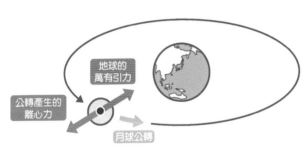

地球的萬有引力

公轉產生的離心力

月球公轉

月球被地球的萬有引力拉著轉。月球之所以不會靠近地球，是因為月球公轉產生了離心力。

▶ 體重60kg的人若跑到月球上……〔圖2〕

月球的質量比地球小，所以萬有引力也比較小。因此，人在月球上的體重，只有原本的6分之1左右。

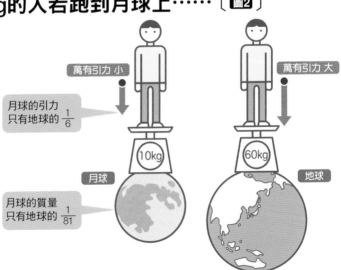

萬有引力 小

月球的引力只有地球的 $\frac{1}{6}$

10kg

月球

月球的質量只有地球的 $\frac{1}{81}$

萬有引力 大

60kg

地球

讓人好奇的太空大小事 第**1**章

Q 在重力較小的天體上跳躍會怎樣？

| 著地時陷入地裡 | or | 正常著地 | or | 飛往宇宙 |

在地球上跳躍的話，馬上就落回地面了。這是因為地球的重力作用在我們身上。那麼，如果在一顆直徑約900m（大小只有地球的14,000分之1左右）的小型天體上跳躍，會發生什麼事呢？

繞著太陽轉的，並不是只有地球、火星、木星這種質量較大的行星而已。我們也可以在太陽系內，找到一些**直徑僅數m～數百km的小天體，也就是所謂的小行星**。假如在這樣的小行星上跳起來，會怎樣呢？

就以日本的探測器「隼鳥2號」探訪過的小行星為例吧。這顆小

行星叫做「**龍宮**」，直徑約900m（約地球的**14,000分之1**）。

　　龍宮跟地球比起來，質量相當地小，因此重力也非常小。掙脫天體重力束縛的最低速度，稱作**逃逸速度**。龍宮的逃逸速度約為秒速37cm，而人在地球上垂直跳50cm時，初始速度約為秒速3m，因此輕輕鬆鬆就超過了龍宮的逃逸速度。

　　所以說，倘若有人穿著太空衣踏上龍宮，然後奮力一跳，那他就會直接飛向太空，再也無法返回了。

　　話說回來，小行星要小到什麼程度，才會讓人一跳就飛進太空呢？舉例來說，小行星3200 Phaethon的直徑為6km，質量為200兆（2.0×10^{14}）kg，由此可計算出逃逸速度為3m。在這種大小的小行星上跳躍時，還是別跳太大力比較好。

　　順帶一提，即便跳出小行星，飛入太空中，也**擺脫不了太陽的重力，只能一直繞著太陽轉**。

假如在小行星上奮力一跳……

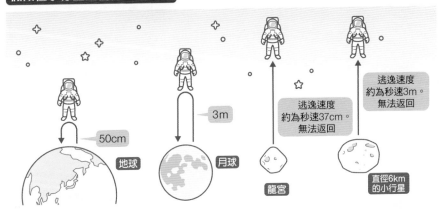

50cm　地球

3m　月球

逃逸速度約為秒速37cm。無法返回　龍宮

逃逸速度約為秒速3m。無法返回　直徑6km的小行星

07 太空中無重力？無重力是什麼狀態？

[基礎]

原來如此！
宇宙空間並非「**無重力**」。
「物體飄起來」應稱作「**失重狀態**」！

國際太空站（ISS）艙內的太空人都飄在空中。聽說太空中沒有重力，那究竟是什麼狀態呢？

其實，太空中並不是沒有重力。因為不管在哪，都會**受到**鄰近天體的**重力（引力）影響**，好比在太陽系內，就會受到地球、月球、太陽等天體影響（➡P24）。無論距離多遠，重力都不會變成0，即便是太陽系邊緣的天體，也擺脫不了太陽的引力。因此，**外太空並非「無重力」**〔**圖1**〕。

儘管如此，ISS艙內看起來依然像無重力一樣。這是因為，ISS**一面下落，一面高速飛行，使得地心引力被抵銷了**。

ISS以每秒7.7km（時速約28,000km）的高速繞著地球飛行，但實際上還是會受到地心引力影響，不斷往下墜。只不過，因為地球是球形，所以ISS會**一面前進，一面沿著地球外圍下墜**〔**圖2**〕。

物體受到地球重力吸引，而自然掉落時（**自由落體**），掉落的物體就會失去重量，基於此，人體也會有變輕的感覺〔**圖2**〕。ISS持續高速飛行，同時也在持續墜落，因此抵銷了重力，所以站內的太空人與沒固定住的物品才會飄起來。而這就叫「**失重狀態**」。

不是「無重力」，而是「失重」

▶ 外太空並非無重力〔〔圖1〕〕

在太空中，每個天體都在引力的作用下互相拉扯，因此並非無重力。

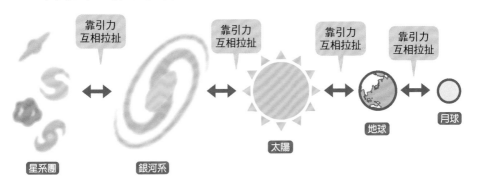

▶ ISS是一面下落，一面飛行〔圖2〕

作用在ISS機身上的力有「地球的重力」，以及「ISS朝著水平方向前進的慣性力（具有質量的物體在慣性作用下產生的力）」。

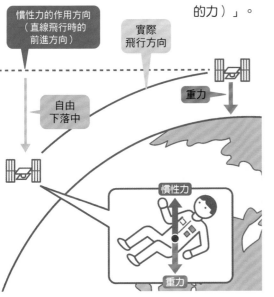

失重狀態的原理，就跟「電梯下降時，身體會變輕」的原理一樣。作用在ISS上的「向下的重力」與「向上的慣性力」相互抵銷，於是形成失重狀態。

08 為什麼星星的亮度、顏色看起來會不一樣？

[基礎]

們所見的亮度會隨著**距離等因素**而改變。
顏色則會隨著**星體的溫度**而改變！

　　只要仰望星空就會發現，每顆星星的亮度與色彩都不太一樣。是什麼原因造成這種現象呢？

　　夜空中的星星**可依亮度區分成幾個「星等」**〔**圖1**上〕。古人依亮度替星星分類，將肉眼勉強可見的昏暗星星歸類成6等星，然後將特別明亮的星星歸類成1等星。這就是「星等」的由來。而這種用來表示「肉眼所見之亮度」的分級，就叫做**「視星等」**。

　　而另一方面，星星的亮度也會受距離影響（➡P32）。假如將所有星星放在一樣遠的地方，那麼其亮度又是如何呢？因此，我們還有一個用來表示「星體本身真正亮度」的分級，稱**「絕對星等」**。比方說，天狼星是天空中最明亮的一顆星，但是在絕對星等中，其亮度卻遠不及位在遠方的天津四〔**圖1**下〕。

　　另外，星星也有藍、白、黃、紅等顏色之分。這是**由表面溫度不同所造成**。就跟「鐵板受熱後愈來愈紅」一樣，物體熱到一定的程度，就會開始發光。此原理也適用於恆星，隨著表面溫度上升，**發出來的光也會產生紅色→黃色→白色→藍白色的顏色變化**。紅色的星星表面溫度較低，藍色的星星表面溫度較高〔**圖2**〕。

溫度由低到高，依序是紅→黃→白→藍白

▶ 標示星體亮度的方式〔圖1〕

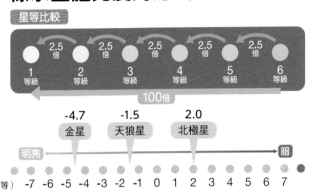

星等比較

2.5倍　2.5倍　2.5倍　2.5倍　2.5倍

1等級　2等級　3等級　4等級　5等級　6等級

100倍

-4.7　　-1.5　　2.0
金星　　天狼星　　北極星

明亮 ◀　　　　　　　　　　　　　▶ 暗

（星等）-7 -6 -5 -4 -3 -2 -1 0 1 2 3 4 5 6 7

何謂星等？

表示星體亮度的單位。起初只分成6個等級，但如今對於等級的定義已變得更為詳細，尺度也更寬了，好比增加了比1等星更亮的0等星、－1等星等。

何謂絕對星等？

所有星體都位在相同距離（10秒差距）外的時候，所呈現的亮度等級。相同亮度（絕對星等）的星星，會因為距離地球較近，而看起來比較明亮。距離較遠的，則看起來較暗。

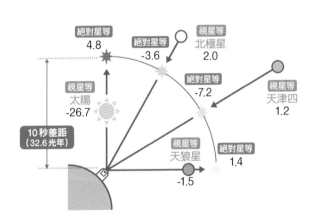

絕對星等 4.8

絕對星等 -3.6

視星等 北極星 2.0

視星等 太陽 -26.7

絕對星等 -7.2

視星等 天津四 1.2

10秒差距（32.6光年）

視星等 天狼星 -1.5

絕對星等 1.4

▶ 星星的色彩與表面溫度〔圖2〕

星光的顏色取決於星體的表面溫度。由低至高溫依序是紅→橘→黃→白→藍白→藍。

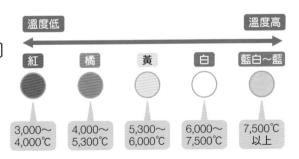

溫度低 ◀　　　　　　　　　　　　　▶ 溫度高

紅	橘	黃	白	藍白～藍
3,000～4,000℃	4,000～5,300℃	5,300～6,000℃	6,000～7,500℃	7,500℃以上

讓人好奇的太空大小事 **第1章**

09 如何測量星體之間的距離？

[基礎]

原來如此！ 較近的星體用**恆星視差**測量，
較遠的星體則用**亮度**來測量距離！

　　我們無法實際走訪位在千里之外的星球。那麼，該如何測量星星距離我們多遠呢？

　　如果距離不遠，就可以利用**三角測量的原理**，來計算出星體與地球的距離〔**右圖**上〕。好比測量大樹的高度時，只要知道自己與樹木的距離，以及仰望樹梢的角度，就可以計算出樹木的高度。因此利用此原理，就能藉由測量**地球～太陽的距離與恆星視差**（→P17），來推算出某星球距離地球多遠。測量離我們比較近（1,000～10,000光年外）的星體時，都可以用這個方法計算出距離。

　　如果距離太遠，就用星體的顏色來判斷距離〔**右圖**下〕。只要仔細觀測**星體的顏色**，就能判明該星體的**絕對星等**。絕對星等代表該恆星的真正亮度（→P30）。即使是絕對星等相同的星體，也會因為遠近不同而看起來較亮或較暗。因此只要利用這一點，就可以推測出星星距離地球多遠。

　　至於更遙遠的星系的距離，則可利用Ia超新星（→P40）的亮度來求得。**Ia超新星**最亮時的絕對星等，無論在哪個星系中都差不多，因此，只要知道我們所見的亮度與絕對星等相差多少，就能判斷出某個星系距離地球多遠。

利用星體的亮度來測量遙遠星體的距離

▶ 測量方法視距離而定

測量近距離的天體時

若是位在1,000～10,000光年外的鄰近星體，就可以利用三角測量原理來計算距離。

測量距離的方法

利用BC的距離與角A的角度，求出AB的距離。

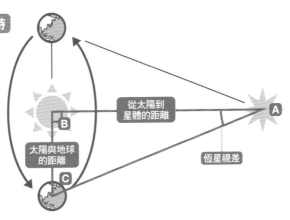

從太陽到星體的距離

太陽與地球的距離

恆星視差

B

C

A

測量遠距離的天體時

如果是其他星系內的遙遠天體，就可以利用絕對星等（真正的亮度）與視星等的差值來算出距離。

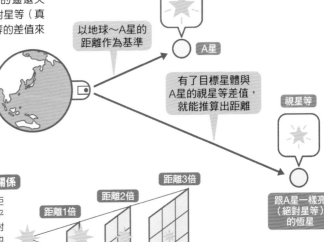

視星等

以地球～A星的距離作為基準

A星

有了目標星體與A星的視星等差值，就能推算出距離

視星等

跟A星一樣亮（絕對星等）的恆星

所見亮度與距離的關係

視星等的亮度，會以距離（星體～地球）的平方反比遞減。即使絕對星等不變，所見亮度也會隨著距離變成2倍，而變成4分之1。

距離1倍　距離2倍　距離3倍

亮度 1　亮度 $\frac{1}{4}$　亮度 $\frac{1}{9}$

讓人好奇的太空大小事　第1章

10 組成星座的星星們
[基礎] 距離我們多遠？

原來 如此！ 星座中的星星們<u>遠近不一</u>。
肉眼**頂多只能看見2,200光年外**的星星！

　　將夜空中的星星連起來，就能組成好幾個星座。而實際上，這些星星距離地球多遠呢？

　　看起來，那些排列成**星座**的星星們，都在一樣遠的地方，但實際上卻是**遠近不一**〔**圖1**〕。以獵戶座來說，最亮的參宿七在863光年外，參宿四在498光年外，正中央的獵戶腰帶，由左至右分別在736光年、1,977光年、692光年外……諸如此類。

　　接著來看看主要星座的主要恆星，究竟都在多遠的地方。離太陽最近的恆星是「半人馬座的比鄰星」，它在4.2光年外。天空中最亮的「大犬座的天狼星」在8.6光年外。天鷹座的河鼓二（牛郎星）在17光年外。天琴座的織女一（即七夕的織女星）在25光年外。更遠處還有「天鵝座的天津四」在1,412光年外。

　　夜空中，那些**肉眼可見的天體，幾乎都是銀河系的恆星**。肉眼最遠只能看到2,200光外的恆星。如果在南半球的話，還能看到**銀河系以外的星系**，好比距離地球16萬光年的大麥哲倫星系，或者20萬光年外的小麥哲倫星系，以及其他遙遠的星系。

夜空中的星座只是<u>表面上</u>的形狀

▶ 如何觀測星座〔圖1〕

星座是我們從地球上看到的形狀，那些星座看起來，就像貼附在巨大的圓形天花板上（天球）。

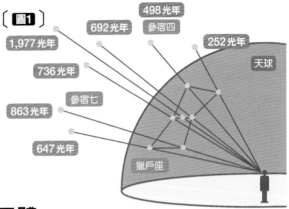

498 光年
參宿四

692 光年

252 光年

1,977 光年

天球

736 光年

參宿七

863 光年

647 光年

獵戶座

▶ 排列成星座的天體與地球的距離〔圖2〕

那些構成星座的天體，基本上都是銀河系內的恆星。肉眼可見的天體，頂多只有2,200光年之遙。

仙女座星系
230 萬光年

大麥哲倫星系
16 萬光年

銀河系內

天琴座
織女一
25 光年

天鷹座
河鼓二
17 光年

小麥哲倫星系
20 萬光年

大犬座
天狼星
8.6 光年

獵戶座
參宿七
863 光年

半人馬座
比鄰星
4.2 光年

天鵝座
天津四
1,412 光年

讓人好奇的太空大小事 第**1**章

11 太空中的星球是如何誕生的？

[星星]

原來如此！ 太空中的**氣體與塵埃在重力的作用下逐漸收縮**，進而形成星球的原型！

　　星球是如何形成的？現在就來看看恆星與行星（➡P14）的誕生方式吧。

　　各式各樣的原子與分子，以氣體或塵埃的形態飄盪在太空中。這些東西就叫做**星雲（星際氣體、星際塵埃）**。星雲中的部分氣體與塵埃，會互相吸引、聚集，形成所謂的**分子雲**，也就是孕育星球的原料。

　　久而久之，分子雲就會在重力的作用下收縮、升溫，並於中心形成密度較高的區域（分子雲核）。核心周圍有氣體與塵埃構成的螺旋狀圓盤，而最後就會在中央形成星星寶寶——**原恆星**。

　　隨著原恆星進一步收縮，其溫度也愈來愈高，以致**中心處開始產生核融合反應**。氫（構成恆星的主原料）轉化成氦時，會釋放龐大的能量，而這種現象就是所謂的核融合反應（➡P81）。這些能量使星體發光、發熱，於是能夠自己發光的恆星就這麼誕生了。

　　原恆星外圍圓盤內的氣體與塵埃，會繼續**聚積、變大，最終變成行星**。據悉46億年前，地球的誕生過程也是如此。

充滿氣體與塵埃的星雲孕育出恆星

▶ 從星雲到恆星的誕生

① 星際分子雲

由太空氣體、塵埃集結而成的雲狀天體，就是孕育星球的原料。

大部分都是氫氣。溫度在－260℃上下

② 分子雲核

星雲內密度最高的地方。本身的重力會使其慢慢收縮。

和分子雲一樣，大部分都是氫氣。

收縮

核心密度達到某個程度後，便停止收縮。此時尚未發光

半徑 10,000AU

③ 原恆星

新生恆星。重力造成的收縮現象已停止，形成恆星剛誕生的狀態。

剛誕生的恆星在重力能的作用下升溫、發亮

半徑 1,000AU

上下噴出的氣體稱作「偶極外向流」

④ 原恆星進化（T型變星）

原恆星開始進化。周圍的氣體形成大圓盤。

半徑 100AU

圓盤狀的濃密氣體與塵埃覆蓋著恆星

⑤ 恆星與行星（主序星）

原恆星內發生氫核融合反應，形成恆星。周圍的氣體與塵埃則聚積起來，形成行星。

周圍的氣體與塵埃變成行星的原料

讓人好奇的太空大小事 **第1章**

12 現有的那些星星，
最後會變成怎麼樣？

[星星]

原來如此！ 結局因星球的質量而異。有可能會
走向**內部塌縮**，變成**黑洞**的結局！

在剛誕生的星球（恆星）上，會發生4個氫原子結合產生1個氦原子的**核融合反應**（➡P81）。經年累月下來，**恆星中心便積存了許多核融合反應所製造的氦原子，並持續增加**。之後，恆星就會隨著內部壓力減弱，而在重力的作用下坍塌。由於坍塌過程造成**核心溫度上升**，因此**恆星會不斷膨脹**，以釋放中心產生的熱量。同時，因為最外層的溫度已降低，所以顏色偏紅，於是，這顆恆星就成了巨大的「**紅巨星**」。

另一方面，恆星內部也因為溫度變得更高，而產生氫→氦之外的核融合反應。在新反應的作用下，氦原子逐一轉化成碳、氧等重元素。而這一串的反應，將**造成恆星中心部分逐漸被其重量壓縮**。

接下來的發展就會根據恆星質量不同，而有所差異。像太陽這種比較輕的恆星，最後將不再產生核融合反應，且無法維繫外層。然後，它的核心就會變成小型恆星——**白矮星**。

如果是質量比太陽大8倍以上的恆星，那麼其核心溫度就會持續上升，最後引發**超新星爆炸**，將整顆恆星炸散，然後在爆炸中心留下**中子星**或黑洞。

核融合反應結束後，質量大的恆星就會被炸散

▶ 恆星的衰亡過程

恆星的壽命取決於質量。據悉，非常重的恆星可存活數百萬至一千萬年，輕的恆星則可存活數十億至數百億年。

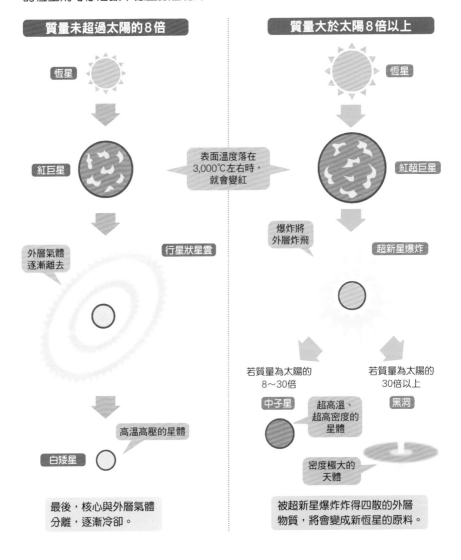

質量未超過太陽的8倍

恆星

紅巨星

表面溫度落在3,000℃左右時，就會變紅

外層氣體逐漸離去

行星狀星雲

高溫高壓的星體

白矮星

最後，核心與外層氣體分離，逐漸冷卻。

質量大於太陽8倍以上

恆星

紅超巨星

爆炸將外層炸飛

超新星爆炸

若質量為太陽的8～30倍

中子星

超高溫、超高密度的星體

密度極大的天體

若質量為太陽的30倍以上

黑洞

被超新星爆炸炸得四散的外層物質，將會變成新恆星的原料。

13 何謂「超新星」？會爆炸嗎？

[星星]

原來如此！ 這是指「**恆星收縮到極限重**時，**由反作用力造成爆炸**」的現象！

「超新星」究竟是什麼？

「**超新星**」並不是星星的名字，而是一種現象。這是指恆星內發生了足以將全體炸毀的大爆炸，因此又稱「**超星新爆炸**」。由於這種爆炸極其明亮，宛如有新的恆星出現，所以人們才會以「超新星」稱之。**在過去2,000年內**，能以肉眼觀測的超新星爆炸**共有8次**〔**圖1**〕。據說，1054年出現在金牛座內的超新星爆炸，亮到連白天都清晰可見，且持續了23天之久。至今，我們都還能觀測到那場爆炸的殘骸──「蟹狀星雲」。超新星**主要有兩種類型**。

一種是**Ia超新星**〔**圖2**上〕：當白矮星附近有紅巨星時，紅巨星表面的氣體，就會被重力較強的白矮星吸走。於是，**愈來愈重的白矮星便發生大爆炸**。

另一種是**Ⅱ型超新星**〔**圖2**下〕：質量大於太陽8倍以上的沉重恆星，將核融合反應的燃料用盡後，就會在中心形成鐵核。鐵核的產生擾亂了重力上的平衡，於是引發重力塌縮，**迅速壓碎恆星，然後又產生反作用力，引發大爆炸**。

而各式各樣的元素被這兩種超新星爆炸炸飛後，便四散在宇宙中，成為日後形成新恆星、新行星的材料。

超新星有兩種類型

▶ 肉眼可見的主要超新星〔圖1〕

肉眼可見的超新星，以數百年一次的頻率出現在宇宙中。最大光度是指最明亮時的亮度等級，若數值愈小，則光度愈高。

西元年	星座／天體	最大光度
185年	半人馬座	？
393年	天蠍座	？
1006年	豺狼座	－8
1054年	金牛座	－6
1181年	仙后座	0
1572年	仙后座	－4
1604年	蛇夫座	－3
1987年	大麥哲倫星系	3

▶ 2種超新星〔圖2〕

Ia型超新星

白矮星吸走鄰近星體上的氫、氦等氣體。

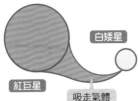

白矮星
紅巨星
吸走氣體

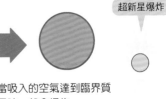

超新星爆炸

當吸入的空氣達到臨界質量時，就會爆炸。

II 型超新星

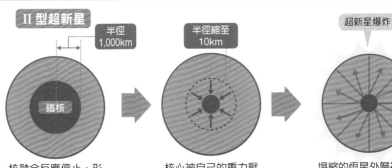

半徑 1,000km
鐵核

半徑縮至 10km

超新星爆炸

核融合反應停止，形成鐵核心。

核心被自己的重力壓毀（重力塌縮）。

塌縮的恆星外層被核心反彈，於是炸毀了恆星。

讓人好奇的太空大小事 第1章

14 [星星] 非常重的星體？中子星與黑洞

原來如此！ 兩者皆為**超新星爆炸後殘留的天體**。極小又極重！

當質量為太陽的8倍以上的星體，發生超新星爆炸後，爆炸中心就會留下中子星或黑洞（➡P38）。

質量為太陽的8～30倍的恆星，一旦發生超新星爆炸後，就會殘留下**中子星**。中子是構成原子的基本粒子（質子、中子、電子）之一。因為中子星**主要由中子構成**，所以才有「中子星」這個名稱〔**圖1**〕。

中子星是一種半徑僅10km左右的小型天體，但其重量卻與太陽差不多，每1cm^{3}即重達數億公噸，是密度相當高的星體。此外，它屬於**高速自轉的天體（脈衝星）**。根據觀測，位在金牛座內的中子星，即以每秒轉30次的速度進行自轉。

質量為太陽的30倍以上的恆星，一旦發生超新星爆炸後，殘留下來的核心便承受不了自身的重量，塌縮至極限。這樣的天體就叫做**黑洞**。黑洞具有**極大的重量與密度**，會吸入附近一定範圍內的所有東西。東西一旦被吸進去，就會被壓碎，再也出不來〔**圖2**〕。

人類無法直接觀測黑洞。黑洞是個**連光線都能吸進去的「黑色的洞」**，但其在吸收鄰近恆星的氣體時，會產生X射線，因此我們可以藉由觀測X射線，來證實黑洞的存在。

超新星爆炸留下的天體

▶中子星的模樣〔圖1〕

許多中子星都被視為脈衝星（一種天體）。

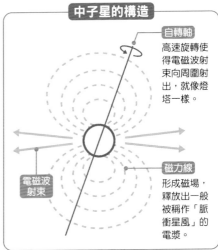

中子星的構造

電磁波・由磁極射出電磁波。
射束

自轉軸
高速旋轉使得電磁波射束向周圍射出，就像燈塔一樣。

電磁波射束

磁力線
形成磁場，釋放出一般被稱作「脈衝星風」的電漿。

▶黑洞的模樣〔圖2〕

連光線都會被強大的重力吸入，因此看起來就像「黑色的洞」。

相對論性噴流

從黑洞中心所噴出的電漿氣流。

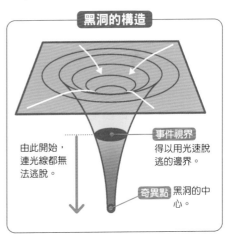

黑洞的構造

由此開始，連光線都無法逃脫。

事件視界
得以用光速脫逃的邊界。

吸積盤
物質在被吸進去前所形成的圓盤。

奇異點 黑洞的中心。

「足以吞噬地球的黑

LHC與黑洞 〔圖1〕

LHC是一座讓質子與質子對撞的加速器。主要用於觀測：在對撞所產生的高能環境下，會產生何種現象。

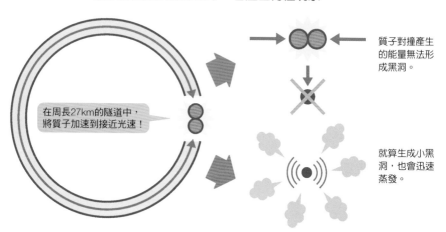

在周長27km的隧道中，將質子加速到接近光速！

質子對撞產生的能量無法形成黑洞。

就算生成小黑洞，也會迅速蒸發。

黑洞能吞噬一切，連光線都不放過……。這麼可怕的黑洞，有可能出現在地球上嗎？

實際上，歐洲核子研究組織（CERN）擁有一座用來讓質子加速、對撞的科學實驗設施，叫做**大型強子對撞機（LHC）**〔**圖1**〕。人們認為，**對撞機的實驗可能會製造出黑洞……**。而遺憾的是，以現在的技術讓質子加速至接近光速後相撞，也無法產生足夠的能量，因此沒辦法藉此觀測黑洞生成。

其實，有個理論是這樣的：宇宙是**由一個比空間維度（3維）＋時間維度（4維）更高的維度所構成**。按照此理論的邏輯，若重力外漏到額外維度，那麼LHC就有機會製造出黑洞。但也有人認為，即便形成黑洞，也會**因為過小而迅速蒸發**，因此無法造成任何影響。

所以說，從理論上來看，只要將物體壓縮進極限小的空間內，就

洞」有可能出現嗎？

月亮會變成黑洞嗎？ 〔圖2〕

黑洞的構造

一種中心被重力塌縮壓縮至無限小的天體。任何物質與光線都無法從中逃離。

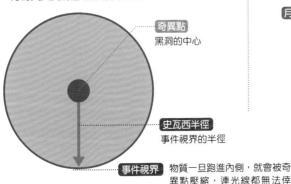

奇異點
黑洞的中心

史瓦西半徑
事件視界的半徑

事件視界 物質一旦跑進內側，就會被奇異點壓縮，連光線都無法倖免。

如何讓月球變成黑洞

將月球的直徑壓縮至0.1mm，即可使其變成黑洞。

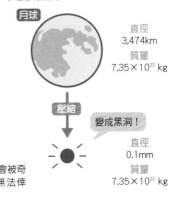

月球
直徑
3,474km
質量
7.35×10^{22} kg

壓縮

變成黑洞！
直徑
0.1mm
質量
7.35×10^{22} kg

能使其變成黑洞。而**「再縮下去就會變成黑洞」的臨界半徑**，就叫做「**史瓦西半徑**」，比方說，**當月球被壓縮到直徑只剩0.1mm時，就會變成黑洞**〔圖2〕。

若月球變成這種質量的黑洞，那就危險了。由於黑洞會吞噬周圍的所有物質，變得愈來愈大，因此人們推測，假如有那樣的黑洞掉到地球上，就會不斷吞噬周圍的物質，並且不斷成長，最後大到足以將地球吞噬。

15
[星星]
如何找到
非常遙遠的行星？

原來如此！ 利用**都卜勒法**、**凌日法**等方法
來尋找太陽系外的行星！

　　繞著太陽系外恆星公轉的行星，稱作「**系外行星**」。人類自1990年代至2020年3月為止，共找到約4,200顆系外行星。當中也包含了**「可能擁有和地球相似的環境」的行星**。將來想必會繼續進行觀測，以確認有無生物或水的存在。

　　話說回來，系外行星位在非常遙遠的他方，而且跟恆星比起來，可說是又小又暗，幾乎都無法直接被望遠鏡發現。因此，人們主要都是以**兩種方法**來尋找系外行星。

　　一種是「**都卜勒法**」。當我們拿著重物原地旋轉時，不是都會搖搖晃晃的嗎？同樣的道理，拉著行星的恆星也會搖搖晃晃地旋轉。**拉著行星的恆星一搖晃，就會使星光的波長產生些許變化**，於是，我們就能藉此找出那顆行星〔**圖1**〕。

　　另一種是「**凌日法**」。行星會以固定的速度繞著恆星轉。每當行星通過恆星前，就會擋到恆星的光，使光的量略微減少。只要**觀測到光量有規律的增減**，就能判斷出那顆恆星周圍有行星〔**圖2**〕。使用凌日法觀測行星時，不只能研判大小，還能判斷有無大氣或其他成分。

很難直接找出又小又暗的行星

▶ 何謂都卜勒法？〔圖1〕

恆星周圍若有行星繞行，恆星就會受到行星的重力影響，而略微晃動，並造成光線上的變化，因而讓我們發現行星的存在。

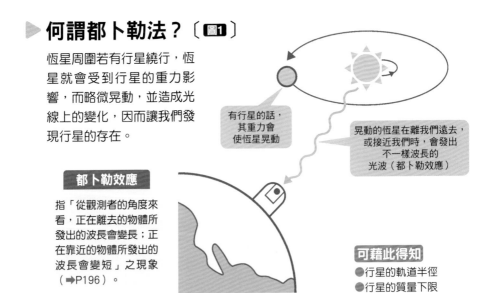

都卜勒效應

指「從觀測者的角度來看，正在離去的物體所發出的波長會變長；正在靠近的物體所發出的波長會變短」之現象（➡P196）。

有行星的話，其重力會使恆星晃動

晃動的恆星在離我們遠去，或接近我們時，會發出不一樣波長的光波（都卜勒效應）

可藉此得知
● 行星的軌道半徑
● 行星的質量下限

▶ 凌日法〔圖2〕

行星通過恆星前方，使恆星的光產生變化，因而讓我們察覺行星的存在。

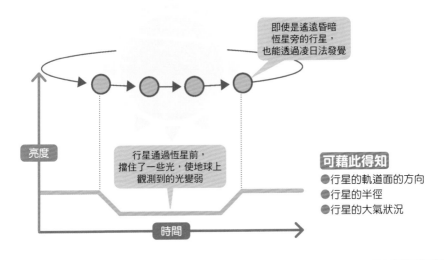

即使是遙遠昏暗恆星旁的行星，也能透過凌日法發覺

亮度

行星通過恆星前，擋住了一些光，使地球上觀測到的光變弱

時間

可藉此得知
● 行星的軌道面的方向
● 行星的半徑
● 行星的大氣狀況

讓人好奇的太空大小事 第1章

Q 前往最近的系外行星，需要花多少時間？

人們陸續發現了不少系外行星（➡P46）。根據報告，當中也包含了疑似有適居帶（➡P100）的行星。這麼一來，「人類有沒有辦法實現星際旅行」就更令人在意了。前往距離太陽系最近的系外行星，究竟要花多久呢？

據悉，離我們最近的系外行星是**比鄰星b（Proxima Centauri b）**。比鄰星b距離地球4.2光年（約40兆km），是一顆繞著比鄰星（距離太陽最近的恆星）公轉的行星。

現今飛行速度最快的太空船／探測器是「派克太陽探測器」。這台無人探測器的**最高時速約為69萬公里**，因此要飛**6,600年左右**，才

能抵達比鄰星b。即便人類造出一艘速度和其一樣快的載人太空船，那也要有人可以活1萬3千年，才有辦法返回地球。因此，「搭太空船前往比鄰星b」的可能性真的很低。

那麼，如果是無人探測器的話呢？其實，人們已計劃讓無人探測器飛往半人馬座α，也就是比鄰星b所在的恆星系。計畫名稱是「**突破攝星**」。

該計畫的構想是：利用雷射照射質量僅數公克的小型飛行器，使其飛行速度達到光速的20%。如此一來，**約20年後就能飛抵目的地**。如果用這個方法的話，只要花25年，就有機會將無人探測器送上比鄰星b，然後接收它傳回來的照片與資料。

前往比鄰星b的方法

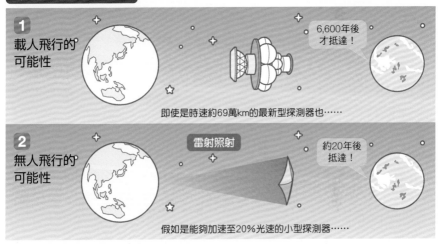

1 載人飛行的可能性

6,600年後才抵達！

即使是時速約69萬km的最新型探測器也……

2 無人飛行的可能性

雷射照射

約20年後抵達！

假如是能夠加速至20%光速的小型探測器……

結論是，就現況而言，是不可能載人前往的。假如是無人探測器，那答案就是單程6千年以上。假如突破攝星計畫實現的話，那答案就是單程20年。

16

[星星]

外星人存在嗎？
可以用科學方式計算嗎？

原來如此！ 有個公式叫「**德雷克公式**」。可用來
計算**外星智慧生物**存在的可能性！

　　宇宙浩瀚無垠。總覺得，宇宙某處應該有高智商外星人，但是，這究竟能不能利用科學計算來解答？

　　首先，探索外星智慧生物的計劃叫做**SETI**（Search for Extra-Terrestrial Intelligence）。率先執行SETI的人，是美國的電波天文學家──法蘭克‧德雷克。德雷克想出一套計算方式來推算：究竟在銀河系中，**有多少外星文明能與地球人通訊**。而這就是所謂的「**德雷克公式**」。

　　此方程式有許多不明確的部分，好比各項該代入什麼數字等，但還是讓大家看個例子吧〔**右圖**上〕。將所有數值相乘後，會得到N＝50的答案。換句話說，**銀河系裡估計有50個能與地球人通訊的文明**〔**右圖**下〕。此方程式的各項變數，也會隨著計算者的想法而改變。因為，「文明的預期壽命」會隨著計算者的**悲觀或樂觀思想，而產生極大的變化**。

　　你若認為，外星智慧生命善良有禮，具有利他精神，那麼你就會預期宇宙的和平與繁榮能維持久一點，因此計算出來的外星文明數量也會比較多。

樂觀思考的話，就有更多外星人

▶ 試以德雷克公式來計算……

預測在銀河中能交流之外星文明的計算式。

方程式

$$N = N_s \times f_p \times n_e \times f_l \times f_i \times f_c \times L$$

方程式各項與代入例

N 銀河系內可與地球人通訊的文明數量。

N_s 每年於銀河系內形成的恆星數。人們推測是10個左右，故 $N_s = 10$

f_p 該恆星周圍有行星的機率。假設是50%，則 $f_p = 0.5$

n_e 當中擁有適居帶的行星數量。假設是2顆，則 $N_e = 2$

f_l 該行星孕育出生物的機率。若機率為100%，則 $f_l = 1$

f_i 該生物進化成有智慧生命體的機率。
機率應該不高，因此假設是萬分之一，則 $f_i = 0.0001$

f_c 該生物發展出具備通訊技術的文明的機率。
假設是十分之一，則 $f_c = 0.1$

L 該文明的壽命（年）。假設是50萬年，則 $L = 500,000$

$$N = 10 \times 0.5 \times 2 \times 1 \times 0.0001 \times 0.1 \times 500,000 \quad = 50$$

計算結果為N＝50，也就是說，銀河系中估計有50個外星文明。

太陽系的地球

在銀河系中，能夠與人類通訊交流的外星文明，共有50個左右？

17
[星星]

來自太陽系外？
神祕的天體「斥候星」

原來如此！ 人類首度發現的**太陽系外天體**。
旅行了數百萬年才來到這裡！

2017年10月，**夏威夷的天文學家發現奇妙的天體**。那是一個全長400m的細長形天體〔**圖1**〕。它以每秒26km的高速，從天琴座的方向朝著太陽系飛過來。當它加速至每秒87km後，就像繞過太陽似地迴轉，朝著天馬座的方向飛去了〔**圖2**〕。人們調查此天體的速度與軌道後發現，它不可能是太陽系的天體，因此得知，這就是人類首度發現的**來自太陽系外的天體**。不過，當人們發現它時，它已經離太陽遠去了。科學家以夏威夷語的「**'Oumuamua**」命名，意為「來自遠方的使者」。

據悉，'Oumuamua（台譯斥候星）在恆星與恆星間空蕩蕩的太空中，至少**飛行了數百萬年才來到太陽系**。其來歷究竟是什麼呢？一般的說法是：其他恆星系（由恆星與行星組成的天體集團）內，也有一些類似於小行星、彗星的天體，然後，這樣的天體**被某種力量彈飛，便來到了太陽系**。

此外亦有美國天文學家提出，這有可能是外星人製造的偵察機，因而引發話題。由於斥候星已離我們遠去，無法繼續受觀測，因此我們也不能否定此假說的可能性。

有可能是外星偵察機的神祕天體

▶ 斥候星的想像圖〔圖1〕

要說它是不會排出氣體與塵埃的小行星，那它的加速方式也不太自然，因此無從判別是彗星還是小行星。

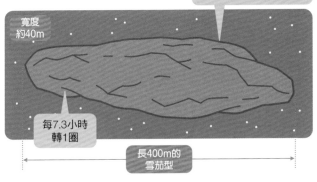

寬度約40m

表面有點紅。可能是由岩石與金屬構成

每7.3小時轉1圈

長400m的雪茄型

▶ 斥候星的軌道〔圖2〕

從天琴座方向朝著太陽飛來，然後又往天馬座方向飛去。天文學家預測，每年都會有一顆這樣的星際天體通過太陽系。

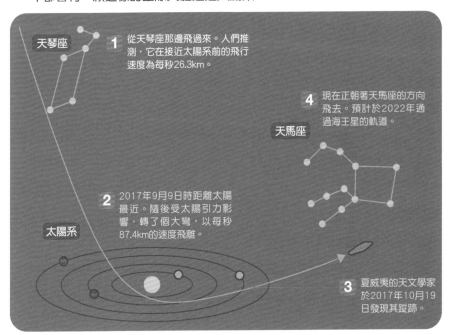

天琴座

1 從天琴座那邊飛過來。人們推測，它在接近太陽系前的飛行速度為每秒26.3km。

4 現在正朝著天馬座的方向飛去。預計於2022年通過海王星的軌道。

天馬座

2 2017年9月9日時距離太陽最近。隨後受太陽引力影響，轉了個大彎，以每秒87.4km的速度飛離。

太陽系

3 夏威夷的天文學家於2017年10月19日發現其蹤跡。

18 何謂「星系」？
[星系] 它是怎麼形成的？

原來如此！ 星系是由眾多星球集結而成的大集團。
星系的誕生過程則是個謎！

人們推測，**最古老的已知星系形成於135億年前**。宇宙誕生於138億年前，這意味著**星系是在宇宙誕生3億年後**形成的。然而，我們並不確定早期星系是如何形成的。

星系也有各式各樣的擴展方式，就跟宇宙中的星星一樣。另外，星系之間也有萬有引力，使彼此相互吸引、集結成群。我們將規模較小的星系集團叫作「**星系群**」，規模較大的則叫「**星系團**」。

銀河系附近，有距離太陽系16萬光年的大麥哲倫星雲，和距離我們20萬光年的小麥哲倫星雲，以及距離我們230萬光年的仙女座星系等。這些星系和銀河系，以及其他大約50個星系，組成了一個叫做「**本星系群**」的集團。然後，這些星系群、星系團又形成了一個更大的結構，叫「**超星系團**」。本星系群是「**室女座超星系團**」的一部分。室女座超星系團以室女座星系團為中心，直徑長達約2億光年。

像這樣調查了許多星系的位置後，人們也慢慢發現，**宇宙的結構（大尺度結構）就跟肥皂泡泡差不多**。

▶ 星系／星系群／星系團／超星系團

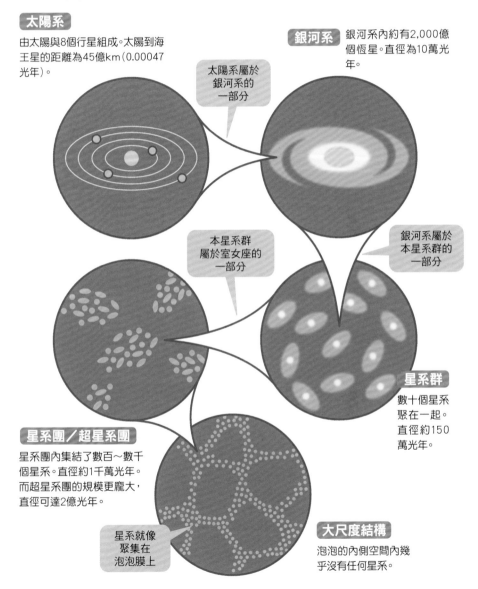

太陽系

由太陽與8個行星組成。太陽到海王星的距離為45億km（0.00047光年）。

太陽系屬於銀河系的一部分

銀河系

銀河系內約有2,000億個恆星。直徑為10萬光年。

本星系群屬於室女座的一部分

銀河系屬於本星系群的一部分

星系群

數十個星系聚在一起。直徑約150萬光年。

星系團／超星系團

星系團內集結了數百～數千個星系。直徑約1千萬光年。而超星系團的規模更龐大，直徑可達2億光年。

星系就像聚集在泡泡膜上

大尺度結構

泡泡的內側空間內幾乎沒有任何星系。

何謂銀河系（銀河、天河）？

▶銀河系長什麼樣子？

其實，人類並不清楚銀河系的大小與外形。這是因為我們的太陽系位於銀河系內，所以我們無法從外側觀察其外形。但近年來，除了觀測可見光之外，還多了捕捉紅外線、電波、X射線等的觀測技術，因此，銀河系的構造也逐一明朗。

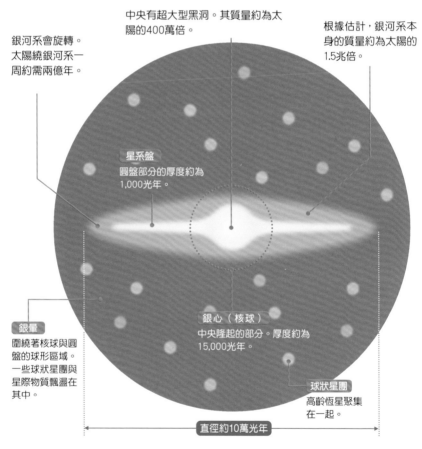

中央有超大型黑洞。其質量約為太陽的400萬倍。

根據估計，銀河系本身的質量約為太陽的1.5兆倍。

銀河系會旋轉。太陽繞銀河系一周約需兩億年。

星系盤
圓盤部分的厚度約為1,000光年。

銀暈
圍繞著核球與圓盤的球形區域。一些球狀星團與星際物質飄盪在其中。

銀心（核球）
中央隆起的部分。厚度約為15,000光年。

球狀星團
高齡恆星聚集在一起。

直徑約10萬光年

銀河系的類型屬於「棒旋星系」，也就是中心呈棒狀的星系。銀河系的直徑約為10萬光年，其圓盤的厚度則是1,000光年左右。

▶銀河系的俯視想像圖

從中心向外延伸的恆星集結區域，稱作「旋臂」。太陽系即位在「獵戶臂」上。而太陽系到銀心的距離，大約是26,000～35,000光年。

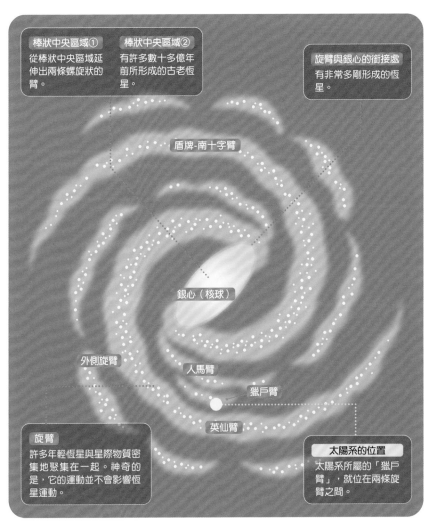

棒狀中央區域①
從棒狀中央區域延伸出兩條螺旋狀的臂。

棒狀中央區域②
有許多數十多億年前所形成的古老恆星。

旋臂與銀心的銜接處
有非常多剛形成的恆星。

盾牌-南十字臂

銀心（核球）

外側旋臂

人馬臂

獵戶臂

英仙臂

旋臂
許多年輕恆星與星際物質密集地聚集在一起。神奇的是，它的運動並不會影響恆星運動。

太陽系的位置
太陽系所屬的「獵戶臂」，就位在兩條旋臂之間。

人們推估，在這個巨大的星系內，至少有1,000億～4,000億顆恆星。這些恆星都繞著銀河系中心旋轉。而銀河系中心可能有巨大的黑洞。

星系有哪些種類？

原來如此！ 主要分為：**橢圓星系、螺旋星系、透鏡狀星系、不規則星系**四類！

20世紀初以前，人類的觀測技術尚未純熟，根本無法區分星系與星雲，因為星系看起來就像模糊的雲狀天體。直到美國**天文學家哈伯**，證實了「星系就是恆星的大集團，同時也是存在於銀河系外的天體」，才首度揭開星系的神祕面紗。後來隨著觀測技術進步，人們又觀測到更多的星系。

哈伯將觀測到的星系，按形狀區分為4類：**橢圓星系**、**螺旋星系**、**透鏡狀星系**和**不規則星系**。

橢圓星系的形狀呈圓形或橄欖球形，且橢圓的形狀也不盡相同。人們認為，這種星系是由遠古時期形成的恆星所組成。**螺旋星系是具有螺旋狀結構**的薄盤形星系。它與橢圓星系相反，是個不斷形成新恆星的星系。而**棒旋星系特指：中間具有由恆星聚集組成短棒形狀的螺旋星系**。我們所處的銀河系屬於棒旋星系，而隔壁的仙女座星系，則屬於不具有棒狀結構的螺旋星系。**透鏡狀星系的外形有如凸透鏡**，是一種氣體、塵埃含量稀少的天體。

不屬於上述任何一類的星系，則被稱作**不規則星系**。許多不規則星系，都是由星系相互碰撞或合併而來，不然就是在那之後產生變形的星系。

星系的種類是依照形狀來分類的

▶ 依形狀區分星系類型

美國的天文學家，愛德溫‧哈伯以形狀替觀測到的星系分類。

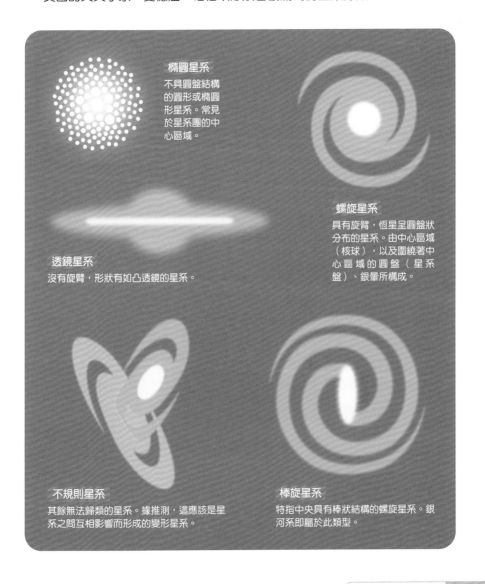

橢圓星系
不具圓盤結構的圓形或橢圓形星系。常見於星系團的中心區域。

透鏡星系
沒有旋臂，形狀有如凸透鏡的星系。

螺旋星系
具有旋臂，恆星呈圓盤狀分布的星系。由中心區域（核球），以及圍繞著中心區域的圓盤（星系盤）、銀暈所構成。

不規則星系
其餘無法歸類的星系。據推測，這應該是星系之間互相影響而形成的變形星系。

棒旋星系
特指中央具有棒狀結構的螺旋星系。銀河系即屬於此類型。

20 [星系] 星系以後會變成什麼樣子？

原來如此！ 預計約40億年後，銀河系會和仙女座星系相撞，然後結合！

未來，我們所處的銀河系會有什麼樣的命運呢？事實上，我們已經預知，**銀河系將和仙女座星系發生碰撞並合併**。

仙女座星系位在230萬光年外，它和銀河系一樣，都是屬於**本星系群**（➡P54）的螺旋星系。其直徑為22萬光年，具有約有1兆顆恆星。銀河系的直徑約為10萬光年，因此它比銀河系大一倍以上。

目前已知，這兩個星系在萬有引力作用下互相吸引，愈來愈近靠近彼此。然後，**這兩個星系將在約40億年後發生碰撞**。不過，星系內的恆星分布較為稀疏，因此不太可能發生恆星撞恆星的情況。換句話說，我們不必擔心太陽或地球因撞上別的星球而毀滅。

在遼闊的宇宙中，星系互相碰撞並不是什麼罕見之事。人們已透過望遠鏡觀測到兩個，甚至是三個星系互相碰撞的模樣。碰撞後，星系會合併，形成一個新的星系。假如仙女座星系與銀河系結合，那麼，它們將在**60億年後變成一個巨大的橢圓星系**。

▶ 仙女座星系與銀河系的碰撞

據悉，兩個星系將在約40億年後發生碰撞，並形成巨大的橢圓星系。

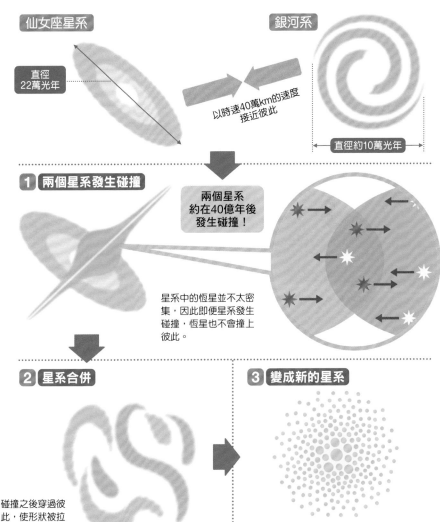

仙女座星系

銀河系

直徑
22萬光年

以時速40萬km的速度
接近彼此

直徑約10萬光年

1 兩個星系發生碰撞

兩個星系
約在40億年後
發生碰撞！

星系中的恆星並不太密集，因此即便星系發生碰撞，恆星也不會撞上彼此。

2 星系合併

碰撞之後穿過彼此，使形狀被拉長。

3 變成新的星系

兩個星系再度互相吸引、聚集，最後於60億年後形成一個新的橢圓星系。

宇宙是如何誕生的？

在無限接近零的那一瞬間，
突然急速膨脹，宇宙就誕生了！

人們推測，宇宙是在138億年前，從一個**沒有物質、能量、時間、空間的「虛無」**中誕生的。雖然不清楚宇宙誕生的瞬間發生了什麼事，但有個較有力的說法是：剛誕生的宇宙**小到連顯微鏡都看不見**，但是在10^{-36}～10^{-34}秒後，便**開始急速膨脹**。

「10^{-36}」代表分母的1後面還有36個0，換言之，是一個趨近於0的數字。「10^{-34}」也非常接近0。而宇宙在這一小段時間內急速膨脹的過程，就叫做「**宇宙暴脹**」〔**圖1**〕。小小的宇宙在這段趨近於0的時間內，突然膨脹10^{26}倍（1京的100億倍），著實令人難以想像。

暴脹後，那股令宇宙急速膨脹的能量轉化為熱能，引發了「**大爆炸（又稱大霹靂）**」〔**圖2**〕。大爆炸使宇宙進一步膨脹，卻也使它的溫度下降。人們認為，氫、氦等基本元素的原子核，就是在大爆炸後的幾分鐘內形成的。

這個解釋宇宙起源的理論，就叫做「**宇宙大爆炸理論**」。由於已觀測到據信是大爆炸所殘留的電波，所以大部分的科學家都支持此理論。

超高溫宇宙逐漸冷卻

▶ 何謂宇宙暴脹？〔圖1〕 極小的宇宙在極短的時間內加速膨脹。

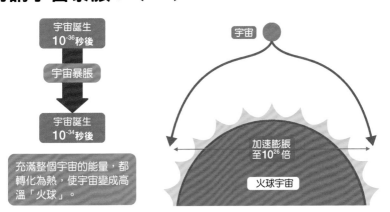

宇宙誕生
10⁻³⁶秒後

宇宙暴脹

宇宙誕生
10⁻³⁴秒後

充滿整個宇宙的能量，都轉化為熱，使宇宙變成高溫「火球」。

宇宙

加速膨脹
至10²⁶倍

火球宇宙

▶ 何謂大爆炸？〔圖2〕

超高溫火球宇宙在爆炸性的膨脹過程中，溫度逐漸降低。

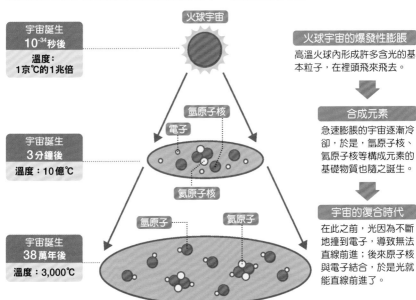

火球宇宙

宇宙誕生
10⁻³⁴秒後
溫度：
1京℃的1兆倍

宇宙誕生
3分鐘後
溫度：10億℃

宇宙誕生
38萬年後
溫度：3,000℃

氫原子核
電子
氦原子核
氫原子
氦原子

火球宇宙的爆發性膨脹
高溫火球內形成許多含光的基本粒子，在裡頭飛來飛去。

合成元素
急速膨脹的宇宙逐漸冷卻，於是，氫原子核、氦原子核等構成元素的基礎物質也隨之誕生。

宇宙的復合時代
在此之前，光因為不斷地撞到電子，導致無法直線前進；後來原子核與電子結合，於是光就能直線前進了。

▶宇宙的過去、現在和未來

目前推測，宇宙大約是於138億年，在什麼都沒有的「虛無」中誕生的。
隨後，宇宙開始「暴脹」，也就是迅速膨脹，接著又發生大爆炸（大霹靂），最後才形成我們今日所知的宇宙。

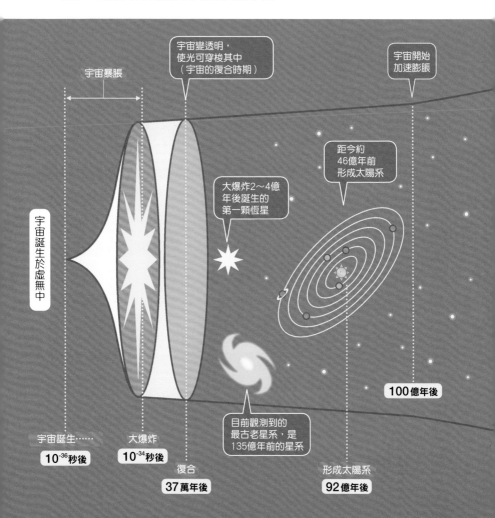

宇宙暴脹

宇宙變透明，
使光可穿梭其中
（宇宙的復合時期）

宇宙開始
加速膨脹

大爆炸2～4億
年後誕生的
第一顆恆星

距今約
46億年前
形成太陽系

宇宙誕生於虛無中

目前觀測到的
最古老星系，是
135億年前的星系

100億年後

宇宙誕生……
10^{-36}秒後

大爆炸
10^{-34}秒後

復合
37萬年後

形成太陽系
92億年後

▶ 太陽系的誕生～宇宙的終結

太陽及其軌道上的地球等行星，皆形成於46億年左右。人們認為，在未來50億年左右的時間裡，太陽將會繼續發光，接著，外層的氣體會逐漸散去，而內部的核心就會變成小而暗的恆星——白矮星。對於宇宙的終結，人們提出了三種理論，但實際如何仍是未定數。

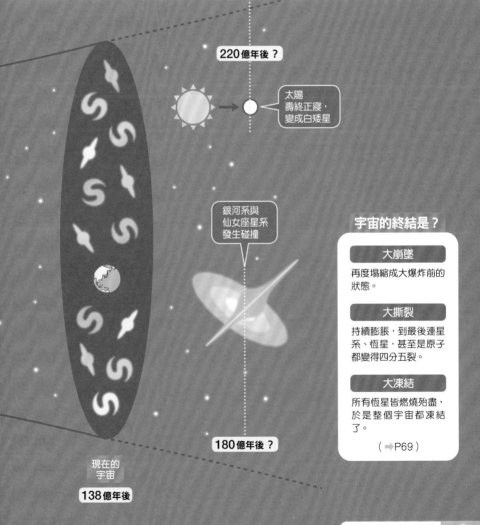

220億年後？

太陽
壽終正寢，
變成白矮星

銀河系與
仙女座星系
發生碰撞

宇宙的終結是？

大崩墜

再度塌縮成大爆炸前的狀態。

大撕裂

持續膨脹，到最後連星系、恆星，甚至是原子都變得四分五裂。

大凍結

所有恆星皆燃燒殆盡，於是整個宇宙都凍結了。

（➡P69）

180億年後？

現在的宇宙

138億年後

第一顆星星是何時、怎麼誕生的？

原來如此！ 第一顆恆星形成於宇宙誕生2～4億年後。物質被暗物質吸引！

宇宙誕生後，第一顆恆星又是如何誕生的呢？

宇宙中的物質誕生於大爆炸後的幾分鐘內。當時誕生的不只有氫、氦的原子核，還有一種叫做「暗物質」的不明物質〔〕。

這種物質並不是均勻分布，而是有較密集和較稀薄的區域。**因為密集區的重力較強，所以會吸引周圍的物質，而變得愈來愈密集。**氫、氦受到暗物質吸引，愈聚愈多之後，該區域的溫度與壓力也會隨之上升。於是就在**宇宙誕生2～4億年後，形成了宇宙中的第一顆恆星**。

此時期有多顆恆星在各處形成。這些首先誕生的**第一批恆星**，就叫做第一代恆星〔**圖2**〕。它們是巨大的恆星，其質量比太陽大上數百倍，因此它們的內部發生了核融合反應（➡P81），進而產生了各式各樣的元素。直至走到生命盡頭時，就會引發所謂的**超新星爆炸**（➡P40），將各種元素噴散到太空中。而這些物質就變成星際雲（➡P36）集結在一起，形成第二代恆星，然後第二代又產生了第三代恆星。太陽與夜空中大多數的星星，都屬於第三代恆星。

來歷不明的暗物質

▶ 何謂暗物質〔圖1〕

普通的物質會對光線、紅外線、電波等產生反應，因此，我們能夠確認一般物質的存在。然而暗物質卻對這些毫無反應，僅讓它們直接通過，因此我們無法直接觀測到暗物質的存在。

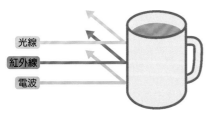

普通物質 對電磁波有反應，因此可被觀測。

光線
紅外線
電波

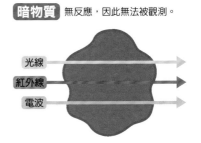

暗物質 無反應，因此無法被觀測。

光線
紅外線
電波

▶ 第一代恆星的誕生〔圖2〕

氫、氦集結在一起之後，便於大爆炸的2～4億年後，形成了第一批恆星。

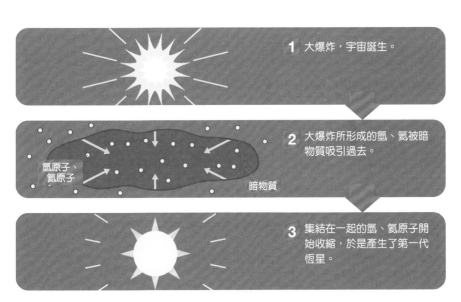

1 大爆炸，宇宙誕生。

2 大爆炸所形成的氫、氦被暗物質吸引過去。

氫原子、
氦原子

暗物質

3 集結在一起的氫、氦原子開始收縮，於是產生了第一代恆星。

讓人好奇的太空大小事 第**1**章

23 [宇宙] 宇宙最後會變成什麼樣子？

原來如此！ 有三種假說：「回歸大爆炸前的狀態」、「四分五裂」、「萬物凍結」

宇宙的終極命運是什麼呢？雖然答案不得而知，但目前**主要有三種理論**。

宇宙因暗能量而加速膨脹（➡P194），但到了某一時刻，膨脹就會停止，然後，宇宙因重力而開始收縮，最後**所有物質皆塌縮，回歸到大爆炸前的狀態**。這就是「**大崩墜**」理論。

再來是「**大撕裂**」理論。此理論推測：在未來，暗能量會不減反增，然後到了某個時刻，將會使宇宙膨脹到無限大。最後，不僅是星系、恆星、行星等天體會被撕裂，就連構成物質的**原子也難逃四分五裂命運**。

最後是「**大凍結**」理論。當維持恆星生命的核融合反應結束時，周圍地區就會結冰。以地球為例：太陽燃燒殆盡後，就不再有光、熱傳至地球，於是，地球就會結凍。由於整個宇宙都會發生這種現象，因此，即便宇宙繼續膨脹，**最終還是會被凍結**。

不過人們推測，無論宇宙的未來如何，最快也要等到**500至1,000億年後**才會走到生命盡頭。

「宇宙的終極命運」有三種假說

▶ 宇宙最後會變怎樣？

大崩墜

到了某個時刻，宇宙便不再膨脹，並且在重力的影響下開始收縮，最後塌縮成大爆炸前的狀態。

大凍結

維持恆星活動的核融合反應完全告終，最後，整個宇宙都結凍。

停止膨脹……

因重力而不斷收縮

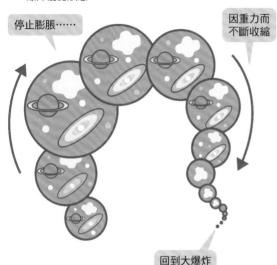

回到大爆炸前的狀態

萬物皆凍結

大撕裂

宇宙持續膨脹，到最後，星系、恆星、行星，甚至是原子都變得四分五裂。

不斷膨脹……

所有東西都四分五裂

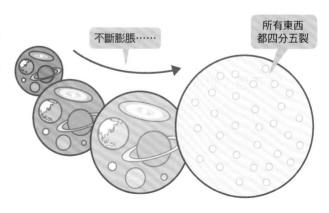

讓人好奇的太空大小事 第 **1** 章

多才多藝，甚至當過執政官的天文學家

尼古拉・哥白尼

（1473－1543）

自西元前起，「天動說」就一直是主流思想。古人的宇宙觀認為，地球是宇宙的中心，其他天體都圍繞地球旋轉。而推翻此觀點的人物，正是波蘭的天文學家，哥白尼。哥白尼對此觀點提出質疑，並提倡「地動說（日心說）」，主張太陽才是宇宙的中心，而地球與其他行星都在繞著太陽轉。

哥白尼在成為神父和醫生之前，曾在三所不同的大學學習神學、醫學和天文學。哥白尼在弗龍堡這個城鎮內，除了有教會的工作之外，還兼任財政監督官，以及對抗入侵者的戰鬥指揮官等。在擔任這些執政官的同時，他還會在夜裡登上教堂塔頂觀測天文。

通過觀察，哥白尼注意到「天動說」無法解釋的行星運動，並整理出「地動說」的構想，但他並不打算積極地將此公諸於世。然而，地動說透過口耳相傳廣受好評，於是，哥白尼才在他人的強力鼓吹下，決定對外發表此一理論。1543年，70歲的哥白尼彙整他的地動說理論，並發行了《天體運行論》。

據說哥白尼拿到書的完成品後，便與世長辭了。

哥白尼改變了世人兩千多年來的價值觀。後來，德國的哲學家——康德便將這種徹底顛覆價值觀的變化，稱作「哥白尼革命」。

第2章

太陽系的

各種
相關疑問

我們的地球是太陽系的行星之一。
除了地球之外,太陽系中還有哪些天體呢?
太陽的驚人之處?月亮是怎麼來的?流星是什麼?
就讓我們一探太陽系內的大小天體與構造吧。

24 「太陽系」究竟是什麼

以太陽為中心的天體群。由行星、
矮行星、彗星、衛星等天體所組成！

我們生活的地方，在宇宙中叫做「**太陽系**」。這個「太陽系」究竟是什麼東西？具有什麼樣的結構呢？

「太陽系」是指太陽本身，以及圍繞著太陽運行的天體群。除了有行星、衛星、小行星帶、彗星，以及海王星外天體之外，還包含了此空間內的所有東西〔**右圖**〕。

太陽系內共有8個行星，地球亦包含在內（➡P74）。此外還有一些因條件不足，而無法被稱作行星的「**矮行星**」。目前，包含冥王星在內，共有5個天體被歸類成矮行星，而這些天體又稱「海王星外天體」（➡P140）。另外，太陽系之內還有比矮行星更小，直徑（或總長）未達10km的「**小行星**」，而且數量高達數百萬顆（➡P132）。

「**彗星**」也是太陽系的一部分。它們每隔幾年～幾千年，就會沿著橢圓軌道回到太陽附近。

然後還有「**衛星**」。衛星是一種繞著行星運行的天體，例如，月球就是地球的衛星。目前已知太陽系內共有200多顆衛星。除此之外，太空中的塵埃、太陽放出的電漿、高能量粒子等，也都包含在太陽系內。

▶ 太陽系由什麼組成？

成員有：太陽和以太陽為中心的行星、衛星、矮行星、彗星等。

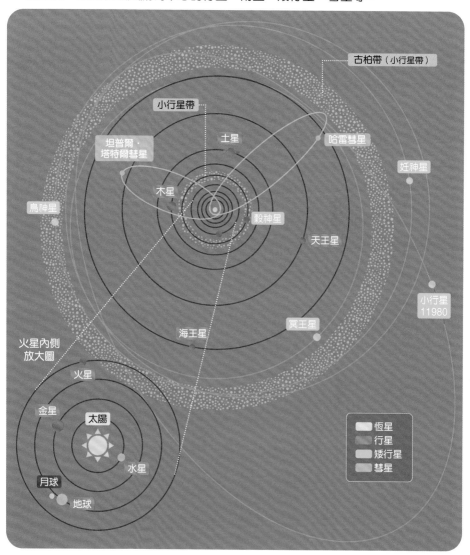

太陽系內行星的大小與距離

▶ 比較太陽與行星的大小

下圖顯示了各行星的大小比例，以及它在太陽系中的位置。此圖只標示較大顆的衛星。太陽的質量占太陽系總質量的99.8％以上。

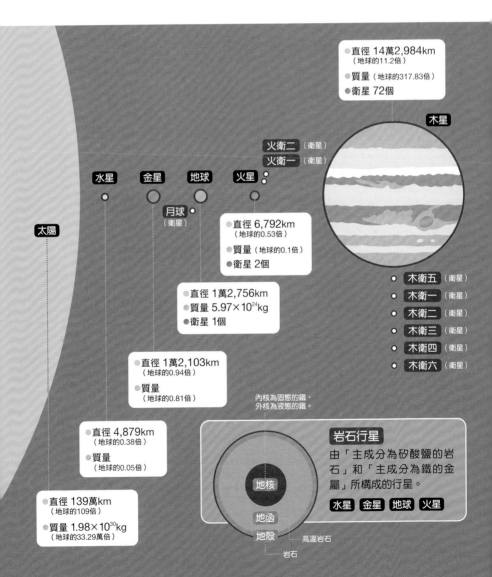

- 直徑 14萬2,984km（地球的11.2倍）
- 質量（地球的317.83倍）
- 衛星 72個

木星

火衛二（衛星）
火衛一（衛星）

水星　金星　地球　火星

月球（衛星）

太陽

- 直徑 6,792km（地球的0.53倍）
- 質量（地球的0.1倍）
- 衛星 2個

木衛五（衛星）
木衛一（衛星）
木衛二（衛星）
木衛三（衛星）
木衛四（衛星）
木衛六（衛星）

- 直徑 1萬2,756km
- 質量 5.97×10^{24}kg
- 衛星 1個

- 直徑 1萬2,103km（地球的0.94倍）
- 質量（地球的0.81倍）

內核為固態的鐵，外核為液態的鐵。

- 直徑 4,879km（地球的0.38倍）
- 質量（地球的0.05倍）

岩石行星

由「主成分為矽酸鹽的岩石」和「主成分為鐵的金屬」所構成的行星。

水星　金星　地球　火星

地核

地函

地殼　　高溫岩石

岩石

- 直徑 139萬km（地球的109倍）
- 質量 1.98×10^{30}kg（地球的33.29萬倍）

▶ 比較行星之間的距離

火星內側的行星較為密集，外側
的行星則距離太陽非常遠。右圖
為太陽與各行星的距離。

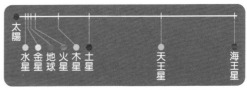

- ○ 水星：5,790萬km
- ○ 金星：1億820萬km
- ● 地球：1億4,960萬km
- ● 火星：2億2,790萬km
- ● 木星：7億7,830萬km
- ● 土星：14億2,940萬km
- ○ 天王星：28億7,500萬km
- ○ 海王星：45億440萬km

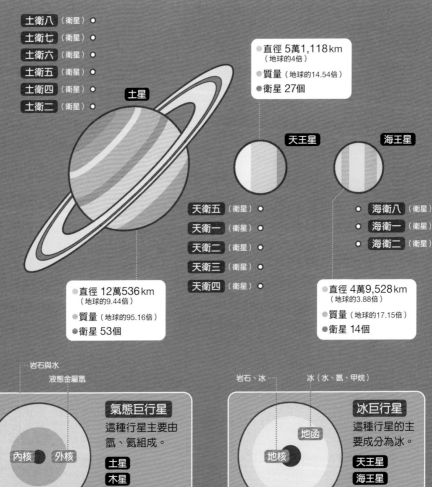

土衛八（衛星）○
土衛七（衛星）○
土衛六（衛星）○
土衛五（衛星）○
土衛四（衛星）○
土衛二（衛星）○

土星

- ● 直徑 5萬1,118km
  （地球的4倍）
- ● 質量（地球的14.54倍）
- ● 衛星 27個

天王星

海王星

天衛五（衛星）○
天衛一（衛星）○
天衛二（衛星）○
天衛三（衛星）○
天衛四（衛星）○

○ 海衛八（衛星）
○ 海衛一（衛星）
○ 海衛二（衛星）

- ● 直徑 12萬536km
  （地球的9.44倍）
- ● 質量（地球的95.16倍）
- ● 衛星 53個

- ● 直徑 4萬9,528km
  （地球的3.88倍）
- ● 質量（地球的17.15倍）
- ● 衛星 14個

岩石與水
液態金屬氫

氣態巨行星

這種行星主要由
氫、氦組成。

土星
木星

內核　外核

氣體

氫氣、氦氣等

岩石、冰
冰（水、氨、甲烷）

冰巨行星

這種行星的主
要成分為冰。

天王星
海王星

地函
地核

氣體

氫氣、氦氣、甲烷

25 太陽是何時、怎麼誕生的？

原來如此！ 約46億年前，太空中的氫原子聚集後引發核融合反應，形成了太陽！

　　據悉，**太陽誕生於46億年前**。那個看似理所當然高掛在天的太陽，究竟是怎麼來的呢？

　　在宇宙中，恆星之間存在著**星際物質**。其中大部分是星際氣體，主要由氫氣和氦氣組成。當構成星際氣體的粒子相互吸引時，其密度就會上升，而該區域的重力也會隨之增加。於是，此區域就會吸引更多的星際氣體聚在一起，形成一種叫做「**分子雲**」的星際雲。

　　接著，分子雲內會形成密度更高的區域，而密度高出100倍的高密度部分，就叫做「**分子雲核**」。分子雲核心會拉著周圍的氣體和塵埃一起旋轉，並在自身的重力作用下收縮。而這也使得它的密度變得更大，吸收了更多的周圍物質。最後就會在中心形成高溫區塊。這就是所謂的**「原恆星」，也就是恆星剛誕生時的模樣**〔**右圖**〕。

　　太陽的原恆星狀態，就叫做「**原始太陽**」。在核融合反應（➡P81）的作用下，原始太陽開始釋放出熱量，並發出耀眼的光芒。太陽與太陽系行星之間的主要區別，在於「質量」。太陽本身就占了**太陽系總質量的99.86%**。因此，地球和其他行星，可說是由那些沒變成太陽的多餘星際物質所形成的。

▶ 分子雲的密度升高，於是形成太陽

原始太陽從分子雲的高密度核心中誕生。

1 分子雲

宇宙誕生後92億年
（距今約46億年前）

氫氣、氦氣等星際氣體因相互吸引，而慢慢聚在一起，形成了雲狀天體。

有可能是超新星爆炸的震波，壓縮到分子雲的密度，才使分子雲產生核心。

2 原始太陽誕生

在 1 的數百萬年後

分子雲核一面旋轉，一面收縮，形成原始太陽。

4 太陽變成恆星

原行星盤消失，太陽變成現在的模樣，穩定地進行核融合反應。

開始發生氫轉化成氦的核融合反應。

3 原始太陽周圍形成圓盤

99.86%的星際物質都被吸收，變成原始太陽的一部分，剩下的則變成周圍的圓盤。

26 太陽系的行星是如何誕生的？

[太陽系]

原來如此！ 太陽的分子雲核剩下的東西，在不斷地旋轉、撞擊、結合成塊後，就變成行星了！

太陽系中的行星是如何形成的？它們的起源與原始太陽的誕生有著密切關聯（➡P76）。

原始太陽是由分子雲核的氣體與塵埃集結而成的。其總質量的99.86％都是原始太陽的原料，剩下的0.14％則分散在原始太陽周圍，變成圓盤狀。這種圓盤就叫做「**原行星盤**」。

原行星盤由氣體與塵埃組成。它在繞著原始太陽旋轉的同時，盤內的鄰近物質也會被彼此的重力吸引，而變得愈來愈大，然後結合成微行星之類的團塊。最後，比較大的團塊就變成太陽系的行星了〔**右圖**〕。

換句話說，**太陽系中的行星是太陽誕生時的副產品**。

離太陽最近是水星、金星、地球和火星。這4顆行星主要由固體塵埃組成，也就是所謂的**岩石行星**。而位在外側的木星和土星，則是以氫氣、氦氣為主要成分的行星，即**氣態巨行星**。至於更外圍的天王星和海王星，則是以氫、氨、甲烷為主要成分的**冰巨行星**。

▶原行星盤孕育出行星

構成原行星盤的大小物質，在不停激烈撞擊、融解、結合的過程中，體積逐漸變大。

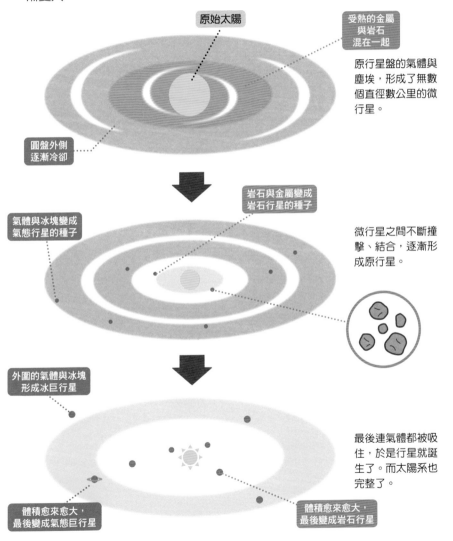

原始太陽

受熱的金屬與岩石混在一起

原行星盤的氣體與塵埃，形成了無數個直徑數公里的微行星。

圓盤外側逐漸冷卻

岩石與金屬變成岩石行星的種子

氣體與冰塊變成氣態行星的種子

微行星之間不斷撞擊、結合，逐漸形成原行星。

外圍的氣體與冰塊形成冰巨行星

體積愈來愈大，最後變成氣態巨行星

體積愈來愈大，最後變成岩石行星

最後連氣體都被吸住，於是行星就誕生了。而太陽系也完整了。

太陽系的各種相關疑問 第2章

為什麼太陽一直在燃燒？

原來如此！ 因為太陽內部不斷發生
氫→氦的核融合反應！

為什麼太陽一直在燃燒？這是因為，太陽的內部正不斷地發生**核融合反應**。

新生恆星「原恆星」的主要成分是氫。其內部一旦變成高溫、高密度狀態，就會使**氫原子**轉化成**氦原子**〔**圖1**〕。而這正是太陽內部正在發生的核融合反應。

簡單來說，1個氦原子比4個氫原子來得輕（1個氦原子的質量較小）。這代表，當4個氫原子融合成1個氦原子時，質量也得變小。然後，多出來的質量就會轉換成龐大的能量。太陽每秒減少420萬噸的質量，而這些質量正在不斷地轉換成能量。這股龐大的能量，相當於**燒掉1京噸（1兆噸的1萬倍）石油時所產生的能量**。

準確來說，**太陽並沒有在燃燒**。這只是因為有極大量的能量在釋放光與熱，所以看起來才會像「太陽在燃燒」一樣。太陽的核心因發生核融合反應，所以核心溫度約高達1,500萬℃。這些能量以光的形式向外傳播，但由於在前進過程中碰撞到其他粒子，所以需要近100萬年的時間才能抵達太陽表面〔**圖2**〕。

▶ 太陽內部發生核融合反應〔圖1〕

太陽內部的核融合是 1～3 的連續反應。

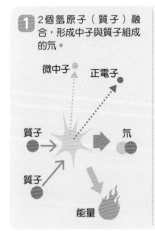

1 2個氫原子（質子）融合，形成中子與質子組成的氘。

2 1 的氘和1個氫原子（質子）發生碰撞，形成2個質子＋1個中子的氦-3。

3 2 的氦-3互相碰撞，形成2個質子＋2個中子的氦-4。

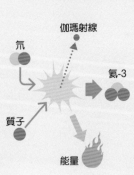

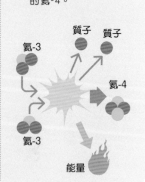

微中子　正電子
質子
氘
質子
能量

氘
伽瑪射線
質子
氦-3
能量

氦-3
質子　質子
氦-4
氦-3
能量

▶ 太陽的構造〔圖2〕 太陽透過氫核融合反應來產生能量與光線。

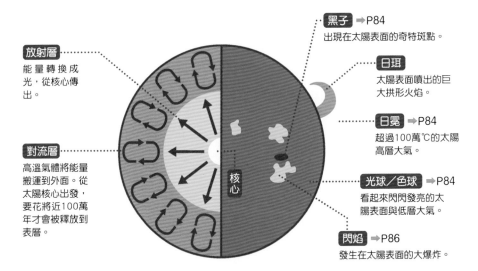

放射層
能量轉換成光，從核心傳出。

對流層
高溫氣體將能量搬運到外面。從太陽核心出發，要花將近100萬年才會被釋放到表層。

核心

黑子 ➡P84
出現在太陽表面的奇特斑點。

日珥
太陽表面噴出的巨大拱形火焰。

日冕 ➡P84
超過100萬℃的太陽高層大氣。

光球／色球 ➡P84
看起來閃閃發亮的太陽表面與低層大氣。

閃焰 ➡P86
發生在太陽表面的大爆炸。

太陽系的各種相關疑問 **第2章**

太陽要變得多熱，才會導致人類滅亡？

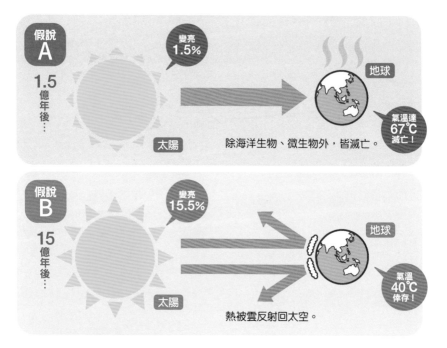

假說 A

1.5 億年後⋯

變亮 1.5%

地球

太陽

氣溫達 67℃ 滅亡！

除海洋生物、微生物外，皆滅亡。

假說 B

15 億年後⋯

變亮 15.5%

地球

太陽

氣溫 40℃ 倖存！

熱被雲反射回太空。

　　地球的平均氣溫約為15℃。這個溫度來自太陽的熱能，雖然偶爾會出現極端酷熱的天氣，但這依然是最適合人類居住的溫度。那麼，太陽必須熱到什麼程度，才有可能導致人類滅亡呢？

　　現在的太陽比46億年前的太陽要亮30%左右，而且還在持續變亮中，據說每經過**1億年就增亮1%**。太陽變亮會使地球的氣溫上升。若氣溫持續上升，那麼到最後，水就會完全蒸發，使大氣中充滿水蒸氣，形成**失控溫室狀態**（➡P101）。

　　據某研究的說法，**1.5億年後的太陽，將比現在亮1.5%，導致地球表面溫度升至67℃**，變成只有海洋生物與微生物得以存活的環境

（**潮濕溫室狀態**）〔**左圖**A〕。而再過6～7億年後，太陽的亮度就增加了6%，使地球陷入失控溫室狀態，導致生物全數滅亡。

不過也有研究指出，人類還能再活久一點。據推測，15億年後，即便太陽亮度增強15.5%也沒問題，**因為熱量會被雲層送回太空中，所以地球的平均氣溫可望維持在40℃以下**。依此研究的說法，潮濕溫室將會延後15億年（前述研究的10倍）發生，失控溫室也會延後18～21億年（前述研究的3倍）發生〔**左圖**B〕。

而另一方面，人類也已著手研究如何改變氣候，使地球降溫。舉例來說，相關研究之一的「**太陽輻射管理**」〔**下圖**〕，就是計畫在大氣中製造微型陽傘，把太陽光反射回去。

然而，此計畫的副作用也不小，好比帶來意料外的氣候變遷、對生態系產生負面影響等，而且，一旦執行就無法停止了。因此，這是一個備受爭議的研究。

太陽輻射管理的運作方式

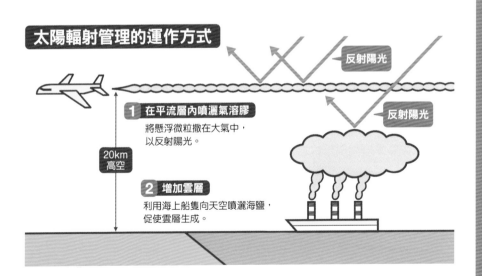

反射陽光

1 在平流層內噴灑氣溶膠
將懸浮微粒撒在大氣中，以反射陽光。

20km
高空

反射陽光

2 增加雲層
利用海上船隻向天空噴灑海鹽，促使雲層生成。

28 ［太陽］ 日冕？黑子？太陽的表面構造

原來如此！ 太陽表面受到**超高溫大氣層及日冕**包覆。**黑子是溫度較低的地方，每隔11年增減一次！**

太陽的表面是什麼樣子？

太陽是一個高溫、會發光的氣體球。太陽的表面叫做「**光球**」，溫度約為6,000℃。光球上方還有一層薄薄的大氣層，稱作「**色球**」，其溫度約為10,000℃。而最外側還有向上延伸幾百萬公里的「**日冕**」。日冕幾乎是真空狀態，溫度高達100萬～200萬℃，裡頭的**物質都呈電漿態**〔**圖1**〕。

由此可知，**離太陽表面愈遠的地方，反而愈高溫**，至於原因為何則不得而知。另外，太陽會以超高速將電漿噴向太空中。這種電漿流就叫做**太陽風**（➡P86）。

我們在觀測太陽時，可能會看到光球上有一些黑色的斑點。這些斑點稱作「**太陽黑子**」，是溫度較周圍低的地方〔**圖2**〕。不過，雖說此處的溫度較低，卻也有4,000℃左右。

黑子的數量增減是以11年為一個週期。有趣的是，它們還會改變位置：首先出現在高緯度區，然後逐步移動到低緯度區，最後又重新出現在高緯度地區。人們認為，有可能是因為太陽的自轉速度，在高、低緯度之間有極大差異，所以造成磁力線扭曲，而引發該現象。

▶ 太陽表面與日冕的構造〔圖1〕

愈往高空，溫度愈高。最外側的日冕即為超高溫區。

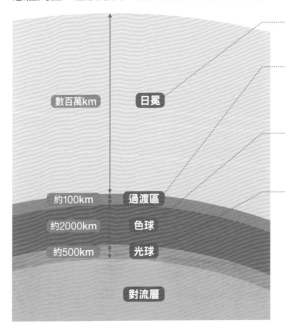

100萬～200萬℃
太陽表面的氣體都變成電漿態。

1萬～100萬℃
介於色球和日冕之間的區域。此區的溫度會隨著高度上升而急遽升高。

約1萬℃
稀薄的大氣層，即日全蝕（➡P122）時看到的紅色層。

約6,000℃
太陽的表面。「太陽黑子」與曇花一現的「米粒組織」皆出現在此。

何謂電漿？
溫度過高，導致構成原子的原子核和電子變成散開狀態。

圖中標示：
數百萬km　日冕
約100km　過渡區
約2000km　色球
約500km　光球
對流層

▶ 黑子如何形成？〔圖2〕

對流產生的磁力線流量從光球噴出，進而形成黑子。

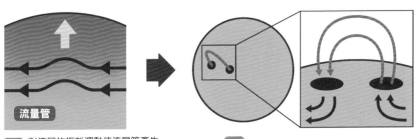

1 對流層的複雜運動使流量管產生浮力。

2 流量管噴出，形成黑子。

29 [太陽] 閃焰？太陽風？太陽帶來的影響？

原來如此！ 太陽上的大爆炸叫做閃焰。
閃焰會使太陽風增強，擾亂地球的磁場！

　　閃焰指的是發生在恆星表面的大爆炸。發生在太陽上的閃焰，就稱作太陽閃焰〔**圖1**左〕。在所有的太陽活動之中，它是最激烈的現象，同時也是太陽系內規模最大的爆炸。據說其規模**相當於10萬～1億顆氫彈爆炸**。

　　太陽風是指太陽噴出的電漿與其他物質。閃焰所釋放的大量輻射與帶電粒子，會使太陽風變得更強烈〔**圖1**右〕，於是連地球都受到影響。

　　太陽風含有大量輻射，人類和其他生物若直接暴露在其中，就會立刻受到傷害。幸好**地球的強烈磁場就像一層防護罩，保護著地球上的生物**。不過，當太陽風太強烈時，就會突破地磁的防護，使得部分粒子進入地球磁層內。如此一來，就會擾亂地球的磁場，引發磁暴，進而妨礙到無線電通訊，或造成人工衛星的電子零件故障等〔**圖2**〕。

　　順帶一提，**極光**就是進入地球的太陽風粒子碰撞到地球大氣層時，所造成的發光現象。極光通常出現在北極圈和高緯度地區，但閃焰活動增強時，也有可能出現在低緯度地區。

磁層保護著地球，使生物免受太陽風侵害

▶閃焰與太陽風的由來〔圖1〕

閃焰 閃焰是指：發生在太陽表面，持續數分鐘～數小時的爆炸現象。太陽黑子附近的磁力線，將其所積聚的能量一口氣釋放出來，便引發閃焰。

太陽風 基本粒子（電漿）不斷被閃焰推出去，於是形成了太陽風。

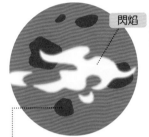

閃焰 爆炸範圍為1萬～3萬km。

黑子 溫度比周圍低，且具有強烈磁場的地方。

每秒有100萬噸重的粒子被太陽釋放出來。

▶太陽風與地球的磁層〔圖2〕

磁層會擋下太陽風射出的有害電漿，使它無法直射地球。不過，當閃焰或其他原因引發磁暴時，人工衛星和無線通訊就會受到太陽風影響。

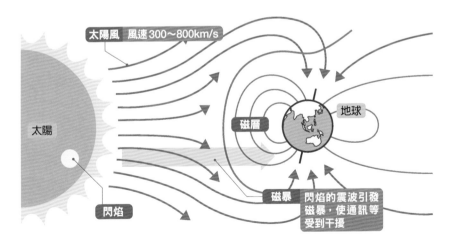

太陽風 風速300～800km/s

太陽

閃焰

磁層

地球

磁暴 閃焰的震波引發磁暴，使通訊等受到干擾

太陽系的各種相關疑問 第**2**章

30 [太陽] 燒到最後，太陽會變成怎樣？

原來如此！ 會**膨脹**到足以吞噬地球那麼大！
接著會收縮，變成**高密度的白色星球**！

太陽不斷地燃燒。當太陽燃燒殆盡時，會發生什麼事呢？

太陽的核心不斷地進行著氫轉氦的核融合反應（➡P81）。太陽自46億年前誕生以來，就一直在進行核融合反應。然而，氫的數量有限。據推測，**大約在55億年後，太陽核心區域的氫就會被消耗殆盡**。

沒了氫原子，核心區就**不會再發生氫核融合反應**。雖然那些由氫製造出來的氦，也會透過核融合製造出更重的元素，但它不是在核心處進行核融合反應，而是在更靠近外側一點的地方進行。於是，核心就會收縮，而外側就會膨脹，以每秒增加數十公里的速度向外太空擴張。人們推測，**太陽將會膨脹得很厲害，大到能碰到地球公轉軌道的程度**。同時，膨脹使內部壓力降低，因此溫度也隨之降低。溫度下降後，發出來的光就會變成紅色，故稱作「**紅巨星**」。

太陽變成「紅巨星」，膨脹到極限後，外層物質就會被釋放到太空中，變成行星狀星雲。最終，太陽會縮到只剩核心大小，也就是**現在體積的百分之一左右**。然後，太陽核心就變成閃耀著白色光芒的「**白矮星**」了。屆時，其質量將會是現在太陽的70%，成為一顆密度極高的星球。

▶ 太陽的晚年

如今，太陽已46億歲。人們推測，太陽大約在130億歲時，就會走到生命的終點。

太陽
直徑140萬km

1 氫原子用盡
約55億年後，核心內的氫原子就會被消耗殆盡。

2 核心收縮
中心收縮，外側膨脹。大量的質量被釋放出來，使體積不斷變大。

直徑約3億5,000km

4
變成白矮星
太陽開始收縮。大約到130億歲的時候，就會縮到只剩核心，而體積也只剩現今太陽的百分之一左右。

3 變成紅巨星
膨脹至最大時，體積將會是現今太陽的250倍大。

太陽的一生（以10億年為單位）

1
2
3
4
5
6
7
8
9
10　**1 2 3**
11　行星狀星雲
12
13　**4**
14

現在的年齡

太陽變大的話，將

地球將被吞噬？〔圖1〕

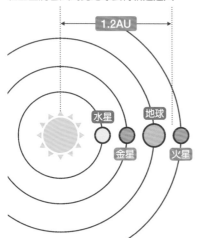

現在

紅巨星將會大到比地球公轉軌道還大。

1.2AU

水星　金星　地球　火星

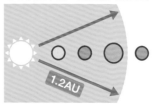

未來❶

地球軌道不變，因此被太陽吞噬。

1.2AU

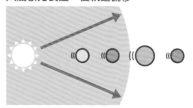

未來❷

太陽引力衰退，使軌道偏移。

　　太陽正在慢慢地變大。隨著太陽不斷變大，地球與太陽系將面臨什麼樣的未來呢？

　　大約在55億年後，太陽就會膨脹成**紅巨星**（➡P88）。據推測，紅巨星膨脹到最大時，**體積將比現在大上250倍，而亮度也會比現在亮2,700倍**。遺憾的是，屆時，地球就會受不了太陽的熱度，**變成一顆海洋全蒸發、岩石皆熔化的行星**。

　　而對於地球是否會被太陽吞噬，則是存在著幾種說法〔**圖1**〕。據推測，太陽的半徑可能會增大至1.2天文單位（AU），也就是變得比地球公轉軌道還要大，但同時，其質量也會變成現在的3分之2。當太陽釋出的質量跑到地球軌道外側時，太陽的引力就已經變弱了，而行星的公轉軌道也會向外移，因此，**地球還有機會遠離太陽**。不過，

帶來何種影響？

〔 **圖2** 〕

適居帶將改變？

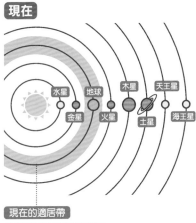

現在

現在的適居帶
地球目前位在適居帶內。

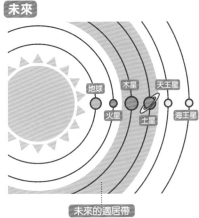

未來

未來的適居帶
太陽膨脹，使更多行星落在可居住範圍內。

若太陽的膨脹速度大於地球的外移速度，那麼**地球還是會被太陽吞噬**。

太陽膨脹對其他行星有何影響呢？據推測，適居帶（➡P100）會隨著太陽膨脹而往外移，於是，**潛在的可居住行星就會增加**〔 **圖2** 〕。紅巨星階段長達數億年之久，在這段期間內，**木衛二（木星的衛星）、土衛二（土星的衛星）上的冰應該都會融化吧**。就算不打算移居到太陽系外，也有機會讓地球上的生物移居到這幾顆星球上。

太陽膨脹後，地球究竟會被蒸發、變成星際物質，還是會被融到剩下一點，變成岩石行星留在太空中呢？這個答案就留給子孫們去揭曉了。

31 地球是如何誕生的？①

[地球]

原來如此！ 由**體積較大的微行星成長**而成。
氣體形成**大氣層**，進而孕育出**海洋**！

地球是怎麼形成的？

太陽的誕生促使了太陽周圍原行星盤的形成（➡P78）。接著，圓盤中的氣體和塵埃反覆碰撞、結合，形成了直徑約10公里的團塊，也就是所謂的「**微行星**」。**地球的前身——「原始地球」也是一顆微行星**，而且，它是其周圍100億顆微行星之中最大的一顆。

當它成長到半徑約2,000公里時，便因為碰撞到其他微行星，使得埋藏在內部的揮發性氣體被釋放出來。這些氣體在重力作用下被留在地表，形成「**原始大氣**」。

原始大氣的保溫效果，將原始地球碰撞微行星時產生的熱能保留了下來，使地表變得非常熱，於是導致岩石熔化，形成**岩漿海**（magma ocean）。

原始地球具有相當高溫的核心區，能熔解各式各樣的物質。而當中密度較大的金屬——鐵，便與其它物質分離，**在核心區形成了一層鐵金屬**，於是，**鐵製的地核就誕生了**。

隨著與微型行星碰撞的次數減少，原始地球開始冷卻。原始大氣中的水蒸氣形成了雲和雨，進而孕育出**原始海洋**。以上就是地球誕生的過程。

碰撞所產生的熱能孕育出原始大氣與鐵核

▶ 原始地球的形成過程

1 微行星成長

46億年前，原行星盤中的微行星之間，不斷發生撞擊、結合，最終成長為原始地球。

原始地球

最大的微行星變成了原始地球的核心。

微行星的直徑約為10km

2 形成原始大氣

蘊藏在微行星內的水蒸氣、二氧化碳等氣體被釋放出來，然後被重力留在原始地球的地表。

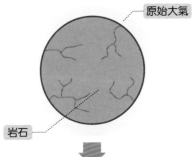

原始大氣

岩石

4 核心形成、地表冷卻

岩漿海中的金屬逐漸沉澱，最終在中心處形成核心。地表的岩漿也逐漸冷卻、凝固，形成岩石地表。

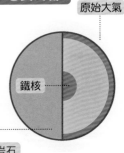

原始大氣

鐵核

地表變成岩石

3 形成岩漿海

原始地球持續與微行星發生撞擊。撞擊所產生的熱能導致地球內部熔解，並使地表被岩漿海覆蓋。

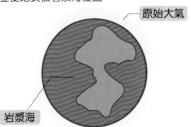

原始大氣

岩漿海

5 形成海洋

地表冷卻後，大氣中的水蒸氣也隨之冷卻，變成雨水降到地表，於是形成了海洋。

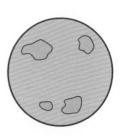

地球是如何誕生的？②

原來如此！ 岩漿海孕育出核心（地核）。
磁場形成後，阻擋了太陽風的侵害！

地球誕生後，其內部構造是如何形成的？

岩漿海（➡P92）形成後，「海」中的高密度金屬（主要為鐵和鎳）便逐漸沉入中心區域。在重力跟地球差不多的行星的核心區域內，熔化的鐵和其他金屬都會因為高壓而變成固態，於是形成了固態的**內部核心（內核）**，以及液態的**外部核心（外核）**。外核的外側是由岩石構成的**地函**。微行星之間的撞擊告一段落後，岩漿海便從外層開始慢慢冷卻、凝固，所以才會有岩石地函〔**圖1**〕。

外核的溫度視所在位置而定。**愈靠近中心愈高溫，愈靠近外側（地函）則愈低溫**，因此有了**熱傳導引發的對流**。有了對流，就會產生「**磁場**」。因為地球在自轉，所以對流以螺旋方式流動。如此一來，就形成了類似於發電機線圈的結構，於是產生了電流。而這也使**地球變得像個電磁鐵，產生了磁場**〔**圖2**〕。

磁場延伸到太空中，形成磁層。磁層可以阻擋來自太陽的危險太陽風，也可以防止大氣層消散在太空中。換句話說，地球之所以能夠成為適合生物生存的行星，有絕大部分是這個磁場的功勞。

地球內部主要由岩石和金屬構成

▶地核的誕生過程〔圖1〕

1
原始地球是一個由熔化的岩石、金屬混合而成的球形團塊。

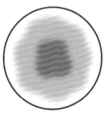

2
密度較高的液態金屬下沉至中心區，然後因壓力過高而凝固，形成固態內核。

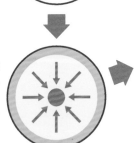

3
密度較低的熔岩留在核心的外側，然後隨著溫度降低，而在表面形成固態岩石層。

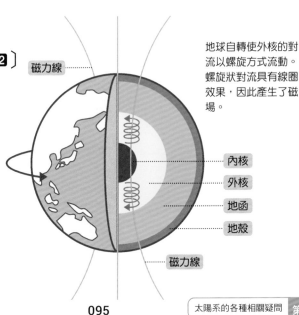

外核
鐵和其他金屬因高溫而化成液態。

內核 雖然高溫，卻也高壓，因此鐵等金屬在高壓下化成固態。

地函
岩石。部分為固態，部分為固、液態相混。

地殼
岩石外殼。厚8～40km。

▶地球磁層的運作方式〔圖2〕

液態的外核產生對流，形成電磁鐵結構，因而產生磁場和包覆著地球的磁層。外核現在仍在對流，磁層因此得以維持。

地球自轉使外核的對流以螺旋方式流動。螺旋狀對流具有線圈效果，因此產生了磁場。

磁力線

內核
外核
地函
地殼

磁力線

太陽系的各種相關疑問 **第2章**

Q 地球會一直用同樣的速度自轉嗎？還是會有所變化？

愈來愈快　　or　　不變　　or　　愈來愈慢

地球會不停地自轉。據悉，地球每轉1圈需花86,164秒（23小時56分鐘4秒）。那麼，地球會永遠維持這個轉速嗎？還是說，它會愈轉愈快或愈轉愈慢嗎？

　　想探討地球自轉的話，就得考慮到**旋轉與摩擦的關係**。現在就先拿陀螺當例子吧。

　　一般的陀螺在桌上旋轉時，一開始都會轉得又快又好，但接下來就會愈轉愈慢，最終停止轉動。這是**由空氣和桌面的摩擦力所造成的結果**。不過，如果是玩「抽陀螺」（抽打轉動中的陀螺）的話，陀螺

就會加速旋轉。換言之，**只要對陀螺施加外力，就能讓它持續轉下去**。

摩擦力抑制它旋轉

旋轉速度變慢
來自接觸點和大氣的摩擦力，使陀螺的轉速逐漸變慢。

繼續旋轉
抽打陀螺的外力使陀螺繼續旋轉。

然而，**地球沒有外力來助它旋轉**，所以地球自轉並不會愈轉愈快。

那麼，**有沒有摩擦力在影響地球呢？**其實是有的。大海之所以有潮汐，正是因為海水受到月球引力的影響，而產生的移動現象。此時，海水與海底之間就會產生摩擦力，**替地球的自轉運動「踩剎車」**。

地球自轉變慢

1 月球引力使海水漲潮，且地球本身也會變形（潮汐力）。

2 地球每天轉1圈，以致海水不斷移動，並摩擦海床。

3 摩擦力使自轉速度變慢，因此「一天」也會愈來愈長。

結論是，地球的自轉速度正在不斷地變慢。順帶一提，每過5萬年，1天的長度就增加1秒，依此計算下來，1億8,000萬年後，1天就變成25個小時了。

太陽系的各種相關疑問 第**2**章

33 [地球] 地球發生過哪些事，才變成現在的模樣？

原來如此！ 發生過**生命誕生、陸地形成**和**全球凍結（雪球地球）**！

從原始地球誕生到現在，究竟發生過哪些事呢？生命大約誕生於38億年前。人們推測，當時已經有海洋，而生命應該就是在**海底熱泉噴發口附近誕生**的〔**圖1**上〕，但目前仍有許多尚未明瞭的部分。除此之外亦有其它理論，例如：「生命來自宇宙」理論，或是「火山活動在陸地上產生的溫泉水，比海底更具備『生命的搖籃』的條件」的理論。

火山活動使熔岩噴出地表，然後，陸地便隨著熔岩堆積而逐漸擴大。陸地會反覆地移動、結合、分裂。**現在的各個大陸在約莫3億年前，似乎是一整塊完整的「超大陸」**〔**圖1**下〕。

在超大陸的分裂過程中，地球環境曾陷入失控狀態，也就是**全球凍結（雪球地球）**。人們推測，這是因為大陸分裂使新的海域生成，而新的海域就會為該區域帶來降雨，並吸收二氧化碳。**當大氣中的二氧化碳含量減少後，溫室效應也降低了。地球因此變得寒冷**。接著，愈來愈多白雪覆蓋在地球表面，並反射陽光，於是加快了寒冷化的腳步，以至於演變成全球凍結。之後，火山活動又會為大氣補充二氧化碳，使地球恢復溫暖〔**圖2**〕。以上就是地球上反覆發生過的大事。

生物都生活在深海或海底火山附近

▶ 生命的誕生與大陸的形成〔圖1〕

生命的由來

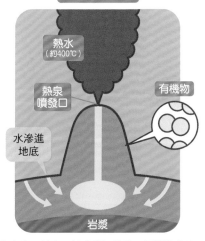

熱水
（約400℃）

熱泉
噴發口

有機物

水滲進
地底

岩漿

海水滲入地底，被岩漿加熱後，再從熱泉噴發口噴出。海水和地底的岩石產生化學反應，生成「有機物」，也就是生命的源頭。

大陸地殼的由來

地函內的岩漿噴出地面凝固後，形成大陸。陸地一直在移動、結合、分裂，然後再度形成新大陸，每隔幾億年就重複一次，最後才變成現今的模樣。

▶ 何謂全球凍結〔圖2〕

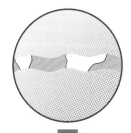

1
新形成的海洋吸收了大氣中的二氧化碳。溫室的效果降低，導致地球寒冷化，於是從兩極開始結凍。

2
白色的冰將陽光反射回去，以致氣溫變得更低。從陸地上3,000m到海平面下1,000m都結凍。

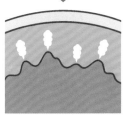

3
即使全球凍結，火山也會持續活動，因此海底熱泉噴發口附近的生物得以生存下來。

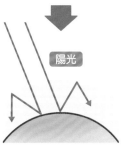

陽光

4
海底火山噴出的二氧化碳跑到大氣中，使溫室效應復活。大氣保存了太陽的熱能，於是冰也融化了。

太陽系的各種相關疑問 第**2**章

34 為什麼地球上會有生命誕生？

[地球]

地球位在「適居帶」內，也就是液態的水得以存在的地方！

為什麼地球上會有生命存在？人們常說「**是因為有水**」，但為什麼水如此重要？而地球為何如此幸運，能夠擁有水？

地球之所以幸運地擁有水，是因為它位在宇宙中的「**適居帶（生命可居住區域）**」內。適居帶位在**距離太陽不近也不遠的區域內**〔**右圖**〕具有讓水維持在液態的溫度條件，也就是1大氣壓下的0～100℃。

太陽系的適居帶從金星的外側，一直延伸到接近火星的地方。太陽系雖有8顆行星（➡P74），但是**位在適居帶內的行星，就只有地球而已**。順帶一提，月球也在適居帶內，但它沒有大氣層。月球剛形成時似乎也有水，但後來都跑到太空中了。

那麼，為何水對生命如此重要？

主要原因是，**所有的生命活動，如呼吸、消化和運動等，都得在水中進行化學反應**。而且，水也以血液的型態在生物體內，扮演著輸送氧氣、二氧化碳和營養物質的角色。

距離太陽不近也不遠，位置剛剛好

▶ 何謂適居帶？

指生物可居住的區域。條件是：液態的水可安定地存在於天體表面。

適居帶內側
太靠近太陽，
使水變成氣態。

適居帶
水能夠保持液態，
供生命活動使用。

適居帶外側
距離太陽太遠，
使水結成冰。

約1億4,500萬km

約2億800萬km

太陽

水星　金星　地球　火星

失控溫室
溫室效應使水蒸發，
變成水蒸氣，而水蒸
氣造成的溫室效應又
使溫度變得更高。

地球
擁有適量的大氣，因
此有適當的溫室效應
替地球保溫。

全球凍結
表面結凍使反射率上升，
因此難以吸收太陽的熱
能，導致溫度變得更低。
最終使地表結凍。

太陽系的各種相關疑問 第**2**章

多大的隕石墜落，才會對人類造成威脅？

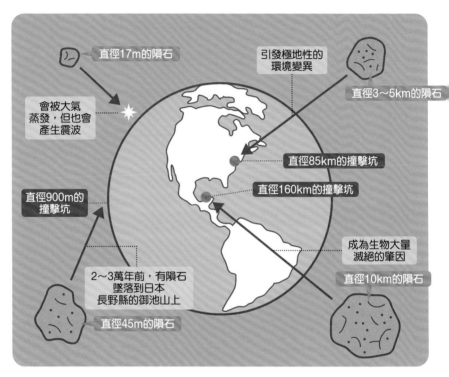

直徑17m的隕石

會被大氣蒸發，但也會產生震波

直徑900m的撞擊坑

2～3萬年前，有隕石墜落到日本長野縣的御池山上

直徑45m的隕石

引發極地性的環境變異

直徑3～5km的隕石

直徑85km的撞擊坑

直徑160km的撞擊坑

成為生物大量滅絕的肇因

直徑10km的隕石

人們估計，這一百年來，隕石掉落到地球陸地上的次數約有600次，加上掉進海裡的，共有4,000多次。那麼，多大的隕石才會對生物造成致命衝擊呢？

若有小行星與地球軌道的最短距離小於748萬km，且本體直徑大於140m的話，那麼這顆小行星就屬於「**潛在危險小行星（PHA）**」。科學家們隨時都在監視著這種小行星。**即使是直徑僅140m的隕石，也能在地球表面撞出綿延數公里的隕石坑；假使落入海中，也會引發海嘯等級的災害**。目前的推算結果顯示，**PHA約有2,000顆**。即便是

為地球帶來災害的隕石

名稱	隕石大小	隕石坑	說明
車里雅賓斯克隕石	直徑約17m	於上空30～50km處爆炸	2013年於俄羅斯的車里雅賓斯克州上空爆炸。它以超音速通過時發出強烈震波，震碎了半徑50km內的玻璃，同時也把很多人震到跌倒。
巴林傑隕石坑	直徑30～50m	直徑約1.6km	49,000年前，墜落在現在的美國科羅拉多高原上，造成撞擊點周圍3～4km以內的動物皆死亡，並引發範圍約10km的火災。
萊斯隕石坑	直徑約1km	直徑約26km	約1,450萬年前，墜落在現在的德國巴伐利亞邦境內。據說地表受到超過2萬℃的高溫與高壓衝擊，連砂石都被噴散到450km外。
乞沙比克灣隕石坑	直徑3～5km	直徑約85km	約3,500萬年前，墜落在現在的美國維吉尼亞州的乞沙比克灣內，引發高達450m的海嘯，使海水衝到遠在500km外的藍嶺山脈下。
希克蘇魯伯隕石坑	直徑約10km	直徑約160km	約6,550萬年前，墜落在現在的墨西哥猶加敦半島上。撞擊地點發生芮氏規模10級以上的地震，導致恐龍與地球上75%的生物滅絕。

直徑僅17m的隕石也具有威脅性，假如角度不對，光是它通過都市上空時發出的震波，就具有破壞都市的威力。

有一理論認為，**恐龍滅絕是由一顆隕石所造成，而這顆隕石的直徑約為10km**。其墜落的衝擊力使其周圍的地面蒸發，引發綿延數百公里的火災，並引發芮氏規模10級以上的大地震，以及數百米高的海嘯。事實上，隕石墜落只不過是大滅絕的導火線。人們認為，隨後發生的總總事件，才是導致地球上75%生物逐一滅亡的主因。這些事件包含：❶陽光被遮蔽（因有數千億噸的粉塵飄散在大氣中）、❷酸雨、❸暖化（大量溫室氣體被釋放出來）、❹紫外線增強（因臭氧層被破壞）。這表示，若有這麼大的隕石墜落，就會讓生物陷入滅絕危機之中。

目前科學家已在PHA之中，發現到一顆直徑達7km的隕石。倘若這顆隕石掉到地球上，就會撞出直徑超過100km的隕石坑，並引起環境變化，甚至成為引發❶～❹的導火線。換句話說，**即使是直徑僅7km的隕石，也有可能對生物造成致命傷害**。

太陽系的各種相關疑問 第**2**章

35 月球是如何誕生的？

**原來
如此！** 在諸多理論當中，
以「**大碰撞說**」最具說服力！

　　月球是如何形成的？自古以來，人們對此就有諸多解釋，如：「**孿生說**」、「**分裂說**」、「**捕獲說**」等〔**右圖**❷～❹〕。

　　其中，最有力的理論就是「**大碰撞說**〔**右圖**❶－1〕」。此理論解釋，**從前有一顆火星大小的小行星，叫做特亞。它與原始地球發生了碰撞，而月球就是由其碎片形成的**。猛烈的撞擊，使特亞的碎片和原始地球噴出來的地函成分，飛散到原始地球周圍。雖然大部分的物質都掉到地球上，但有些物質卻互相吸引、聚集在一起，形成了月球。而電腦模擬實驗也顯示，這樣的撞擊確實有機會形成跟月球一樣的衛星。

　　不過，如果是月球是「地球和火星大小的小行星相撞」而來，那麼月球五分之四的成分應來自地球，剩下的五分之一則應來自小行星。然而事實卻是，月球與地球的成分幾乎相同。

　　於是自2016年起，開始有人提出「**複數碰撞說**〔**右圖**❶－2〕」。此理論指出，月球並非「地球和大一點的小行星相撞一次」的產物，而是「**地球與微行星相撞約20次**」的產物。如果是與微行星相撞多次，那麼月球和地球的成分就有可能一樣，如此一來就能解釋大碰撞說的矛盾之處。

月球的誕生仍是個謎

▶ 解釋月球如何形成的各式學說

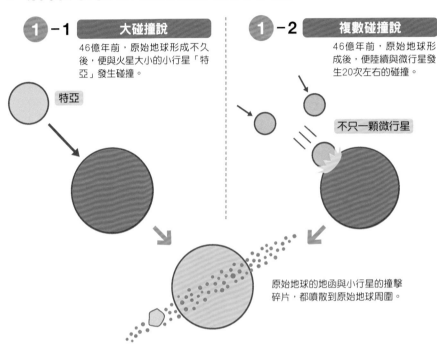

1 -1 大碰撞說

46億年前，原始地球形成不久後，便與火星大小的小行星「特亞」發生碰撞。

特亞

1 -2 複數碰撞說

46億年前，原始地球形成後，便陸續與微行星發生20次左右的碰撞。

不只一顆微行星

原始地球的地函與小行星的撞擊碎片，都噴散到原始地球周圍。

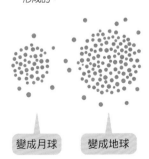

2 變生說

跟地球一樣，都是由微行星形成的。

變成月球　　變成地球

3 分裂說

原始地球自轉，產生離心力，使月球飛出去。

月球從原始地球上分離出來

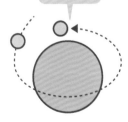

4 捕獲說

小行星通過地球附近時，被地球引力吸引過來，於是變成月球。
捕獲小行星

捕獲小行星

太陽系的各種相關疑問 **第2章**

36 月球為什麼會繞著地球轉？

[月球]

 原來如此！ 原始地球與小行星相撞，**使月球的「原料」飛散出去，開始繞著地球轉！**

為什麼月球會圍繞地球旋轉？為了找到答案，我們需要先從月球的誕生開始看起，因此請根據「**大碰撞說**」（➡P104）來進行思考吧。

原始地球被一顆火星大小的**小行星特亞**擊中。這場碰撞產生極大的衝擊，以至於小行星陷入原始地球內部，造成原始地球的地函噴出碎片、氣體、水蒸氣等物質，並隨著粉碎的小行星殘骸一起散落在地球周圍。

這些由**地球噴散出去的大量碎片和氣體，便開始隨著地球自轉轉動**。然後，它們就在引力的作用下，互相吸引、結合，逐漸成長為月球。因此，**這些物質變成月球後，還是會繼續繞著地球轉**。

據推測，剛形成的月球表面曾被小行星撞擊的熱量所融化，但隨著撞擊次數減少，表面也逐漸冷卻下來。內部則因為放射性元素的衰變而融化成岩漿。岩漿則被火山噴出。月球上的火山活動持續了大約7億年，並在30億年前左右停止活動，之後連內部都冷卻下來，於是形成了今日的模樣。

另外也有人指出，特亞的撞擊改變了轉軸的傾斜度。

月球繞地球轉源自小行星撞擊

▶朝著碎片散落的方向旋轉

小行星以斜角衝撞原始地球，為日後的地球、月球運動帶來深遠影響。

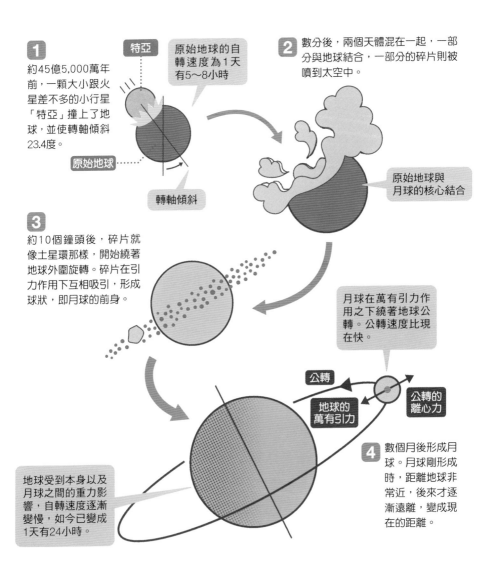

1
約45億5,000萬年前，一顆大小跟火星差不多的小行星「特亞」撞上了地球，並使轉軸傾斜23.4度。

特亞

原始地球的自轉速度為1天有5～8小時

原始地球

轉軸傾斜

2 數分後，兩個天體混在一起，一部分與地球結合，一部分的碎片則被噴到太空中。

原始地球與月球的核心結合

3
約10個鐘頭後，碎片就像土星環那樣，開始繞著地球外圍旋轉。碎片在引力作用下互相吸引，形成球狀，即月球的前身。

月球在萬有引力作用之下繞著地球公轉。公轉速度比現在快。

公轉

地球的萬有引力

公轉的離心力

4 數個月後形成月球。月球剛形成時，距離地球非常近，後來才逐漸遠離，變成現在的距離。

地球受到本身以及月球之間的重力影響，自轉速度逐漸變慢，如今已變成1天有24小時。

太陽系的各種相關疑問 第**2**章

「潮汐」真的是月球引力造成的嗎？

月球的引力與**地球的離心力**
使海洋產生漲潮、退潮現象！

「滿潮是月球引力造成的……」想必大家都有聽過這句話吧。那麼，其中的原理究竟是什麼？

月球的直徑約為地球的四分之一。就衛星和行星的大小比例來說，太陽系中沒有其他像月球這麼大顆的衛星。因此，月球對地球的影響甚大。

月球和地球在引力的作用下相互吸引。地球面向月球的那一面會被月球牽動。於是，海水就會被月球吸引，導致海面升高。升到最高時，就叫**滿潮**。

背對月球的那一面，看似是不受月球引力影響的區域，但那裡也會出現滿潮。這是因為月球和地球的共同重心產生了離心力，所以導致海面上升。也就是說，漲潮是由月球的引力和地球的離心力所引發。

至於在垂直於月球的那一面，則會受到滿潮影響，導致水位下降，形成所謂的**乾潮**。

能以這種方式影響天體形狀的力量，就叫做「**潮汐力**」。當太陽、地球和月球排成一直線時（即滿月或新月時），太陽與月亮的潮汐力就會結合，使潮差達到最大（**大潮**）。據說此時也是最容易發生火山爆發的時候。

引力與離心力使海面上升

▶ 潮汐力引起滿潮、乾潮

雖說潮汐力也會受到太陽引力的影響，但大半的影響還是來自月球。潮汐力與距離的三次方成反比，因此，離地球較近的月亮具有較大的影響力。

滿潮 指海面升至最高時。

乾潮 指海面降至最低時。

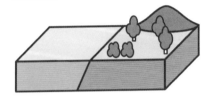

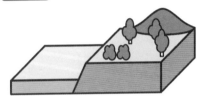

大潮

當太陽、地球和月亮像這樣排成一直線時，滿潮和乾潮的海面高度落差就會達到最大。

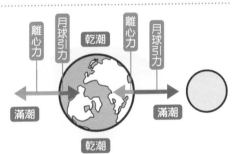

小潮

當太陽、地球和月亮的位置關係如右圖時，滿潮與乾潮的海面高度落差就會達到最小。

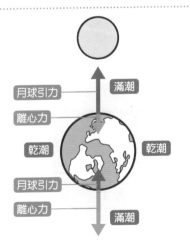

太陽系的各種相關疑問 第**2**章

如果月球消失，地球會變成怎麼樣？

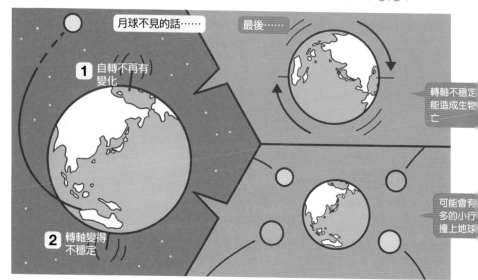

月球不見的話……

最後……

1 自轉不再有變化

2 轉軸變得不穩定

轉軸不穩定能造成生物亡

可能會有多的小行撞上地球

　　實際上，月球正在遠離地球。月球大約誕生於45億年前，當時，它與地球的距離約為24,000km，但現在已變成38萬km左右。**這比以前遠了16倍以上**。

　　月球的潮汐力使地球自轉減速。而地球愈轉愈慢，又使得月球的運行軌道離我們愈來愈遠〔**右圖**〕。月球的公轉軌道半徑不斷增大，造成月球**以每年移動3.8cm的速度遠離地球**。不過，這不代表月球將會離地球而去。當地球自轉週期與月球公轉週期相吻合時，潮汐力便無法令地球自轉減速，於是，月球就不會繼續遠離地球了。

　　假如月球不再是地球的衛星，那會發生什麼事呢？失去月球後，地球上就**不再有潮汐變化了**。此外，月球的存在也能穩定地球的自轉軸。假如沒有月球，**轉軸的方向就會變得不穩定**。這有可能會帶來難

為何月球會離我們遠去

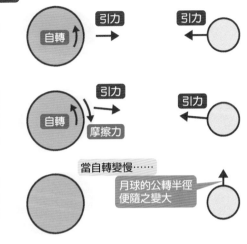

1 月球引力使大海變形。地球帶著膨脹變形的大海一起自轉。

2 海洋變形所產生的摩擦力（潮汐摩擦）會抑制地球自轉，而地球的滿潮處與月球之間也會產生引力，使地球的轉速變得更慢。

3 由於旋轉的動量不變，所以地球自轉變慢，月球的公轉半徑就會隨之變大，造成月球離我們愈來愈遠。

以想像的環境變化。

月球也能防止小行星撞擊地球。要是沒有月球，或許就會有更多的小行星撞上地球。順帶一提，即使月球消失了，地球也會維持現在的自轉週期。

那麼，有沒有可能出現第2個月亮呢？其實，科學家已找到幾顆暫時繞著地球運行的天體。這種天體叫做**迷你月球**。只不過，迷你月球的體積太小，不像月球具有維持轉軸穩定的效果。而且，沒了月球之後，即便有一顆跟月球一樣大的天體來到地球附近，能量守恆定律也會阻止它停留在地球周圍。除非發生碰撞，否則它只會繼續飛向遠方。因此對地球來說，月球是獨一無二的存在。

太陽系的各種相關疑問 第**2**章

38 月球是個什麼樣的地方？
[月球] 為何會有隕石坑？

**原來
如此！** 月球是可以熱達100℃以上、冷至－170℃的世界
隕石坑是無數個微行星留下的衝撞痕跡！

　　月球上長什麼樣子？**月球表面**是一個無聲、無風的**真空世界**。它的**重力只有地球的六分之一**，因此無法留住大氣。在有陽光的地方，**溫度可升到100℃以上，陰影處的溫度則可降到－170℃左右**。

　　月球表面佈滿了微行星撞擊後留下的**隕石坑**。較大坑的直徑都超過200km，且數量多達數萬個。隕石坑大小取決於微行星的質量與撞擊速度。

　　微行星高速撞上月球後，撞擊所產生的熱能就會將撞擊面融化，導致周圍隆起。被融化的地方最終會冷卻、變平，然後凝固。這就是隕石坑的由來。

　　據悉，**月球表面的隕石坑，幾乎都是38～41億年前的產物**。不過，也有相對較新的隕石坑，好比在月球的背面，就有一個直徑22km的新隕石坑。這個叫做布魯諾的隕石坑，似乎是100～1,000萬年前的撞擊痕跡。

　　地球也曾被無數個微行星撞擊過，但因為地殼變動、風雨侵蝕的關係，所以撞擊坑幾乎都消失了。由於**月球上沒有大氣層，因此隕石不會跟大氣摩擦生熱、被燒成灰燼**。而且它也無法被風化。這就是月球上仍保有一堆凹凸不平隕石坑的原因。

月球上有好幾萬個隕石坑

▶ 月球與隕石坑

隕石坑是無數個微行星留下的撞擊痕跡。月球背面比較常遭到隕石撞擊，因此背面的隕石坑比正面還多，地形起伏也比較大。

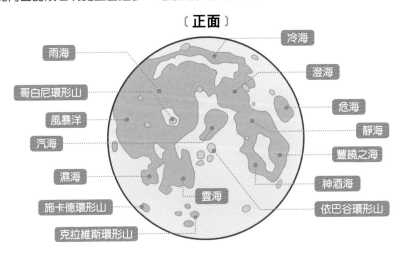

〔正面〕

- 冷海
- 澄海
- 危海
- 靜海
- 豐饒之海
- 神酒海
- 依巴谷環形山
- 雨海
- 哥白尼環形山
- 風暴洋
- 汽海
- 濕海
- 施卡德環形山
- 克拉維斯環形山
- 雲海

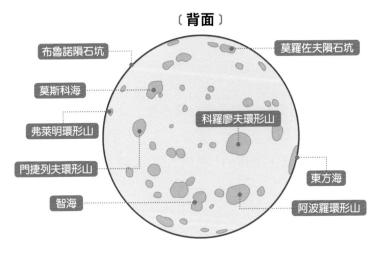

〔背面〕

- 布魯諾隕石坑
- 莫斯科海
- 弗萊明環形山
- 門捷列夫環形山
- 智海
- 莫羅佐夫隕石坑
- 科羅廖夫環形山
- 東方海
- 阿波羅環形山

月球表面共有數萬個大小不一的隕石坑。隕石坑的規模因天體的撞擊速度與質量而異。

太陽系的各種相關疑問 第2章

39 登陸月球是什麼感覺？

[月球]

原來如此！ 火箭將沿著月球軌道繞行，
接著再搭登月艙著陸月球！

每個人都曾夢想過登上月球，來趟太空之旅。而實際上，太空人究竟是如何進行「登陸月球」以及「從月球返回地球」呢？接下來就讓我們來看看，史上第一個載人登月的**阿波羅11號是如何進行的**〔右圖〕。

首先，火箭飛抵月球的軌道時，會先轉半圈。然後在此狀態下噴射氣體進行減速。**等到速度與月球的重力、離心力相平衡時，火箭就能進入圓軌道**。接著，登陸器就會脫離火箭，在月表上著陸。

登陸月球是由登陸器執行的。登陸器內載有數名太空人。它會一面飛行，一面尋找適合的著陸地點。決定地點後，登陸器就會利用反推火箭進行減速，慢慢地著地。順帶一提，此時的火箭仍然在月球軌道上繞行。

欲返回地球時，登陸器就會飛起來，與在月球軌道上繞行的火箭進行對接。這個動作叫做「**太空會合**」。等太空人都回到火箭上之後，登陸器就會被拋棄。然後，火箭就會轉半圈，噴射氣體，回到返回地球的路徑上。

順帶一提，美國太空總署（NASA）已宣布，計畫在2028年前開始**建設月面基地**。這將會使未來的月面登陸與調查進展得更順利。

阿波羅計畫讓人類登上月球

▶ 載人登陸月球的阿波羅計畫

阿波羅計畫始於1966年，但阿波羅1號發生了意外。2號、3號從缺。4、5、6號為無人任務。7、8號成功載人飛行。9、10號裝載登陸器，並讓10號的無人登陸器著陸月球。然後，到了1969年，阿波羅11號終於成功載人登上月球。

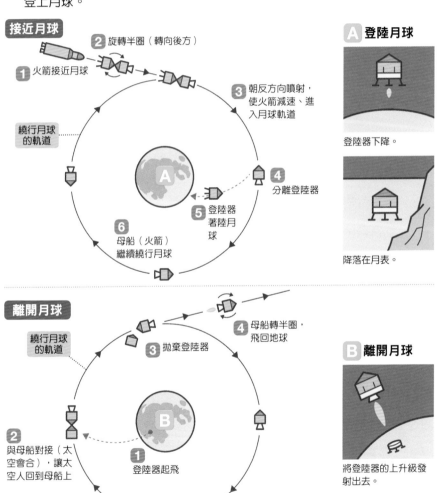

接近月球

1 火箭接近月球

2 旋轉半圈（轉向後方）

3 朝反方向噴射，使火箭減速、進入月球軌道

繞行月球的軌道

4 分離登陸器

5 登陸器著陸月球

6 母船（火箭）繼續繞行月球

A 登陸月球

登陸器下降。

降落在月表。

離開月球

繞行月球的軌道

3 拋棄登陸器

4 母船轉半圈，飛回地球

2 與母船對接（太空會合），讓太空人回到母船上

1 登陸器起飛

B 離開月球

將登陸器的上升級發射出去。

40 月球上也有可利用資源嗎？

[月球]

 有適合作為核反應爐燃料的**氦-3**。
除了**獲取資源之外，也有別的應用方式**！

地球上有能源，那麼月球是否也跟地球一樣，蘊藏著什麼可利用資源嗎？事實上，月球上的資源相當豐富，而人們也在想辦法開發那些資源。

月球上有豐富的**鋁**、**鈦**、**鐵**等，但最令人在意的物質還是**氦-3**。**氦-3是最適合用來當核子反應爐燃料的資源**。人們認為，月球上有**近百萬噸**的氦-3儲量。根據計算，光是1萬噸的氦-3，就可以為全人類提供一百年分的能源。另外還有一項計畫是：沿著月球赤道建一圈**太陽能發電板**。由於月球上沒有雲層，因此這一整圈的太陽能發電板就可以持續發電。

不過，將資源運回地球的成本太高了。運送過程需要耗費龐大的能源與金錢，因此人類尚無法實現這個計畫。較有機會實現的做法是**「在月球上運用那些資源」，而不是把資源運回地球**。

月球不只擁有資源，還有其他用途。例如，月球背面不會受到來自地球的電磁波干擾，因此很適合在那裡**用電波望遠鏡觀測宇宙**。另外，月球的重力只有地球的六分之一，因此也有種植巨大農作物的計畫。

▶ 月球的資源與運用方式

月球發電

月球上富含氦-3（➡P81），可用於不會產生核廢料的「理想核能發電」。月球表面全年都有陽光，因此太陽能發電效率佳。能源的傳送方式，則是利用雷射從月球照射地球。

宇宙觀測

月球背面是進行天文觀測的理想場所。那裡沒有雲層與大氣的干擾。另外，來自地球的各種電波也會被月球擋掉，因此非常適合以電波望遠鏡進行觀測。

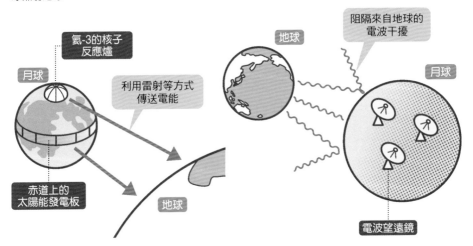

氦-3的核子反應爐

月球

利用雷射等方式傳送電能

赤道上的太陽能發電板

地球

阻隔來自地球的電波干擾

地球

月球

電波望遠鏡

資源利用

月球富含鋁、鈦、鐵，人類將計畫在月球上建造精工廠。

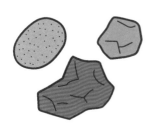

表岩屑

據悉，表岩屑（月球表面的砂）富含氦-3、氧化鐵、氧等物質。

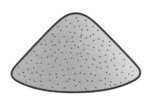

巨大食材

月球的重力只有地球的六分之一，因此有望種出較大的農作物。

月的盈虧是如何運作的？

每天**月球的位置都不一樣**，因此地球上看到的**反光模樣**也會隨之改變！

　　假設某天出現滿月，那麼從隔天開始，它缺角就會逐漸擴大。然後到了某一天，月亮就消失了，但之後又會慢慢地變圓。為什麼月亮會有這樣的盈虧變化呢？

　　只要認真觀察月亮，就會發現它的**變化週期大約是29.5天**。這是因為，**月球與太陽的位置關係，是以29.5天為一個變化週期**（➡P121）。月球本身並不會發光，它只是被陽光照亮而已。換言之，我們看到的是月亮的向陽處。陽光照不到的地方，就形成漆黑的陰影。由於太空也是黑的，所以看起來就像「月亮缺了一角」。至於光照處與陰影處的比例如何，則要看月球在月球軌道的哪個位置上。這就是**月相有盈有虧的原因**〔**圖1**〕。

　　地球由西向東自轉。因此以我們的角度來看，太陽和月亮都是從東邊升起，西邊落下。滿月時，代表月亮與太陽恰好在地球的兩側。因此，當太陽西沉時，月亮就會從另一側（東邊）升起。出現眉月時，代表月球位在較接近太陽的方位上。因此眉月只會出現在傍晚的西方天空中〔**圖2**〕。**月亮升起的時間，以及停留在空中的時間都會天天改變**。

▶地球上看到的月亮，是月球反射陽光的模樣〔圖1〕

如圖所示，來自左側的陽光，只會照亮月球的左側。因此地球上看見的月相，就會隨著觀看角度不同而改變。

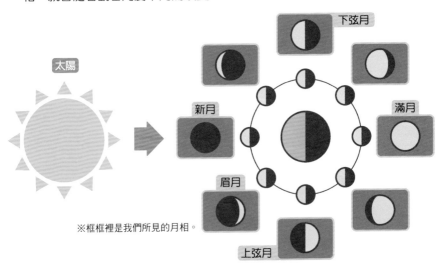

※框框裡是我們所見的月相。

▶日落時的月亮形狀與出現位置〔圖2〕

月亮的形狀代表當天日落時，月亮出現在什麼位置。

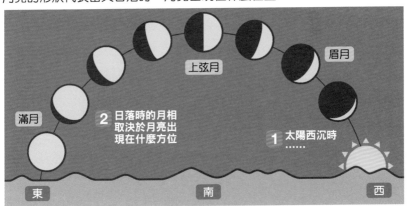

119

Q 假如在月球上生活的話，那麼一天有多長？

比地球上長 or 跟地球上一樣 or 比地球上短

將來，人類也有可能在月球上生活。這麼一來，月球上的「一天」會是什麼樣子呢？地球上的一天是指「太陽升起～隔天太陽升起」的時間，也就是24個小時。那麼月球上也一樣嗎？還是說，月球的一天比地球的長？

地球的一天是指「太陽升至最高點～翌日太陽升至最高點」的這一段時間（太陽升至最高點，稱作**上中天**）。由於地球自轉的關係，每隔24小時就會晝夜更迭一次。

那麼，月球上的一天究竟有多長？有朝一日，人類或許會搬到月球上生活，因此，就讓我們來思索一下這個問題吧。

由於**月球的自轉週期跟公轉週期一樣**，所以它永遠都是以同一面面向地球。**月球上的一天＝月球繞地球一圈的時間**。在月球上，太陽通過最高點後，就要等到**約29.5天**後（以地球時間計算）才會再度升到最高點。因此答案是：「**月球的一天比地球還長**」。

其實，月球繞地球一周之後，太陽也不會回到至高點。這是因為，在月球繞地球轉的同時，地球也因為公轉的緣故，而改變了自身與太陽的位置關係。因此，月球公轉一周後，必須再多轉兩天，才能讓太陽回到至高點。

那麼，在月球上生活是什麼感覺呢？月表的氣溫是這樣的：先是**110℃的白晝持續兩周**，接著是**－170℃的黑夜持續兩周**，然後依此輪替。因為沒有大氣層，所以刺眼的太陽會突然從地平線上冒出來。

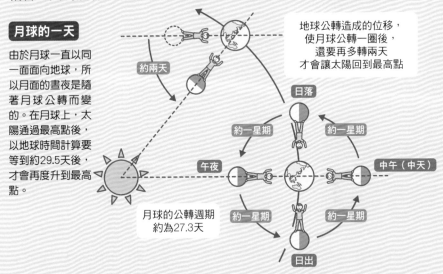

月球的一天

由於月球一直以同一面面向地球，所以月面的晝夜是隨著月球公轉而變的。在月球上，太陽通過最高點後，以地球時間計算要等到約29.5天後，才會再度升到最高點。

地球公轉造成的位移，使月球公轉一圈後，還要再多轉兩天才會讓太陽回到最高點

約兩天

日落

約一星期　約一星期

午夜　中午（中天）

約一星期　約一星期

日出

月球的公轉週期約為27.3天

月球上也沒有藍天，只有漆黑的天空和不會閃爍的星星。

若觀測地點不變，那麼**從月球上看到的地球的位置也不會變**。而地球的大小看起來，會比我們平常看到的月亮大上四倍。至於盈缺週期則是一個月左右。雖然月球上的生活令人躍躍欲試，但在那之前，似乎得先做好覺悟才行。

太陽系的各種相關疑問 **第2章**

月食、日食是怎麼產生的？

原來如此！ 因**太陽**、**地球**、**月球**的相對位置改變，
導致**天體偶爾被擋住**所產生的現象！

有時明明看到滿月，但看著看著，月亮就缺了一角；有時，太陽看起來也缺了一角。這種現象在一年之中總會發生個幾次。前者為月食，後者為日食。那麼，為何會出現這種現象呢？

月食是月球進入地球陰影中所產生的現象〔**圖1**〕。**月偏食**是指部分月球處於陰影中，而**月全食**是指月球完全處於陰影中。滿月時，太陽、地球和月球雖然都排在同一直線上，但並不代表每次都會產生月食現象。因為，月球繞地球的公轉軌道，大約比地球繞太陽的公轉軌道傾斜了約5°，所以月球通常都會剛好跟地球的陰影錯開〔圖1〕。

日食是太陽被月球擋住時所產生的現象〔**圖2**〕。**日偏食**是指部分太陽被遮蔽，而**日全食**是指太陽完全被遮蔽。由於從地球上看起來，太陽和月亮幾乎一樣大，所以才會造成這種現象。

不過，月球的公轉軌道是橢圓的，這使得月球與地球的距離在36～40萬公里之間不斷變換，於是，當月球離地球較遠時，看起來也會小一點。若此時發生日食，太陽就不會被月球完全擋住，因此，只露出一圈的太陽，看起來就像一枚閃亮的戒指。這種現象就叫做**日環食**。

月球與地球的陰影所造成的現象

▶ 月食是地球的影子映在月球上〔圖1〕

地球夾在太陽與月球中間時，偶爾會發生的現象。

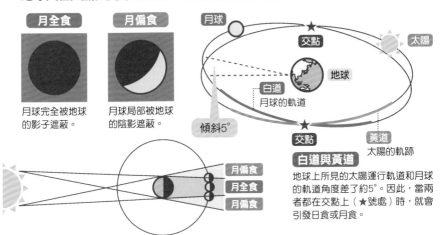

月全食
月球完全被地球的影子遮蔽。

月偏食
月球局部被地球的陰影遮蔽。

月偏食
月全食
月偏食

白道與黃道
地球上所見的太陽運行軌道和月球的軌道角度差了約5°。因此，當兩者都在交點上（★號處）時，就會引發日食或月食。

▶ 日食是太陽被月球擋住的現象〔圖2〕

太陽、月球、地球排列成一直線時所發生的狀況。

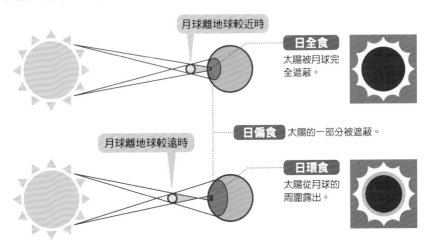

月球離地球較近時

日全食
太陽被月球完全遮蔽。

日偏食 太陽的一部分被遮蔽。

月球離地球較遠時

日環食
太陽從月球的周圍露出。

太陽系的各種相關疑問 第2章

43 是「水」星卻沒有水？水星的結構與特徵

[太陽系行星]

 原來如此！ 向陽側可達430℃高溫。
雖然沒有液態的水，但是**有冰**！

水星是**太陽系中離太陽最近的行星**，從水星上看到的太陽，大概比地球上看到的太陽近了三倍。被太陽照射的那一面，**白天溫度可以達到430℃**，但由於水星的大氣非常稀薄，無法保溫，因此夜間溫度會降到**－160℃**。

水星的自轉速度很慢，**它與太陽的位置關係是每公轉兩圈改變一次**。換句話說，水星上的一天等於水星公轉兩圈的時間。也就是說，水星的**一天大約是地球的176天**。

而另一方面，水星的公轉速度相當快，大約只需地球上的**88天就能繞太陽一圈**。正因為它有這樣的速度，所以人們才以Mercury（墨丘利，傳訊之神）為之命名。據說水星之所以叫「水」星，也是因為它在太陽周圍高速移動的模樣，讓人聯想到「水」，所以才如此稱之。

儘管水星的名字有「水」字，但**水星上並沒有液態的水**。它只有極為稀薄的大氣，而大氣中也只有微量的水蒸氣。然而，太空探測器的調查顯示，在陽光無法抵達的極地隕石坑內，其實是有「冰」的。

水星表面跟月球一樣，布滿了大大小小的隕石坑。**最大的隕石坑叫做卡洛里盆地**。其直徑約為1,300km，**相當於水星直徑的四分之一左右**。

▶ 水星的特徵

水星是體積較小的行星，因此重力較小，無法拉住大氣。

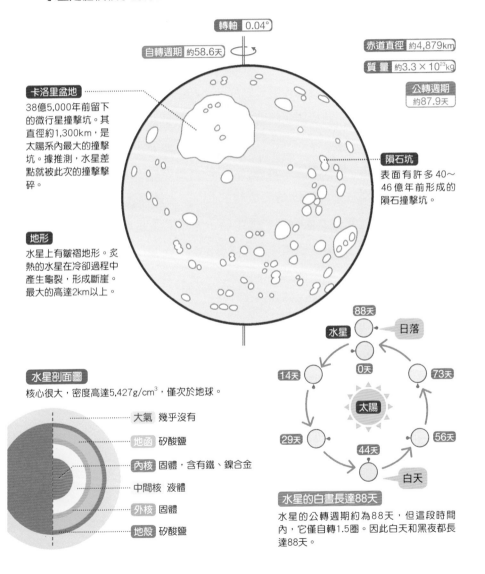

轉軸 0.04°

自轉週期 約58.6天

赤道直徑 約4,879km

質 量 約3.3×10²³kg

公轉週期 約87.9天

卡洛里盆地
38億5,000年前留下的微行星撞擊坑。其直徑約1,300km，是太陽系內最大的撞擊坑。據推測，水星差點就被此次的撞擊擊碎。

隕石坑
表面有許多40～46億年前形成的隕石撞擊坑。

地形
水星上有皺褶地形。炎熱的水星在冷卻過程中產生龜裂，形成斷崖。最大的高達2km以上。

水星剖面圖
核心很大，密度高達5,427g/cm³，僅次於地球。

大氣 幾乎沒有
地函 矽酸鹽
內核 固體，含有鐵、鎳合金
中間核 液體
外核 固體
地殼 矽酸鹽

88天
水星　日落
0天
14天　73天
太陽
29天　56天
44天
白天

水星的白晝長達88天
水星的公轉週期約為88天，但這段時間內，它僅自轉1.5圈。因此白天和黑夜都長達88天。

44

離地球很近，卻是灼熱地獄 金星的結構與特徵

原來如此！ 雖有大氣層，但裡面**超級熱**。 厚重的雲層還會**降下硫酸雨**！

　　金星是地球旁邊的行星。它的大小和密度與地球非常相似，因此被稱作地球的兄弟行星。然而在實際上，金星是一顆與地球截然不同的行星。

　　金星是一個**表面溫度超過460℃的熾熱世界**。它還有**密度極高的大氣層**，其重量約為地球大氣層的100倍。然而，這裡沒有氧氣，96%的氣體都是二氧化碳。這引發了強烈的溫室效應，就連緊鄰著太陽的水星的白天，也都沒有金星這麼熱。金星的天空被**厚厚的硫酸雲**覆蓋著，不斷有硫酸雨降下再蒸發，使大氣中充滿了硫酸。因此，這是一個不適合生物居住的環境。

　　金星剛形成時也有液態的水，就跟地球一樣。然而，金星比地球更接近太陽，近了約4,200萬km，因此大部分的水都變成水蒸氣了。

　　金星的公轉週期約為225天，**自轉週期則是243天左右，速度相當慢**。有趣的是，**它的自轉方向與地球恰好相反**。有一種理論認為，金星可能是與小行星發生碰撞，才造成轉軸上下顛倒，但真正的原因仍不得而知。

　　順帶一提，從地球的角度來看，金星總是在黎明或黃昏時閃耀著光芒。這是由金星的厚重雲層反射陽光所造成。

二氧化碳造成溫室效應，使金星變成高溫行星

▶ 金星的特徵

大氣主要由二氧化碳組成。天空布滿厚厚的硫酸雲。

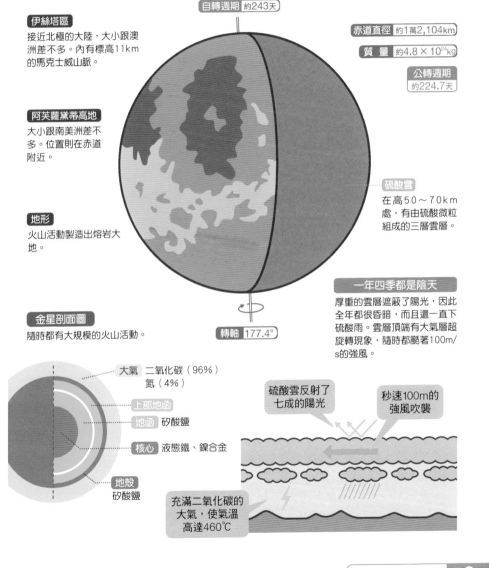

自轉週期 約243天

伊絲塔區
接近北極的大陸，大小跟澳洲差不多。內有標高11km的馬克士威山脈。

赤道直徑 約1萬2,104km

質 量 約4.8 × 10^{24}kg

公轉週期
約224.7天

阿芙蘿黛蒂高地
大小跟南美洲差不多。位置則在赤道附近。

硫酸雲
在高50～70km處，有由硫酸微粒組成的三層雲層。

地形
火山活動製造出熔岩大地。

一年四季都是陰天
厚重的雲層遮蔽了陽光，因此全年都很昏暗，而且還一直下硫酸雨。雲層頂端有大氣層超旋轉現象，隨時都颳著100m/s的強風。

金星剖面圖
隨時都有大規模的火山活動。

轉軸 177.4°

大氣 二氧化碳（96%）
氮（4%）

上部地函
地函 矽酸鹽
核心 液態鐵、鎳合金
地殼 矽酸鹽

硫酸雲反射了七成的陽光

秒速100m的強風吹襲

充滿二氧化碳的大氣，使氣溫高達460℃

太陽系的各種相關疑問 **第2章**

45 或許有生命存在？火星的結構與特徵

[太陽系行星]

原來如此！ 已證實火星過去曾有海洋。
地底也可能存有水和生命！

多年前，「**火星上有外星人**」的話題曾風靡一時。契機是義大利天文學家，斯基亞帕雷利於1877年觀測到火星表面有細小紋路。這些紋路的顏色深淺隨著季節而變，因此人們猜想，這些紋路可能是運河造成的高低起伏，那麼，火星上可能就有建造運河的高等生物。

後來，人們透過探測器調查發現，那些紋路是地形的起伏，而不是人造運河，因此導出「沒有高等生物」的結論。

然而在1996年，人們找到疑似是細菌化石的東西，因此，火星上可能有生物的議題也再度受到討論。然後到了本世紀，人類發現了火星**曾有水流的證據**（例如水流對懸崖的侵蝕等），也找到了「曾有海洋」、「曾有適合孕育生命的環境」之根據（沉積岩之類的岩石）。因此人們認為，火星的**地底可能還有水和生物**。

火星的**平均溫度約為－50℃。火星的大氣相當稀薄，只有地球的150分之1**。大氣中有95％都是二氧化碳。

順帶一提，火星的表面是紅色的，所以才叫做「火」星。這是因為火星上含有大量的氧化鐵（生鏽變紅的鐵）。

大氣稀薄、充滿二氧化碳的岩石行星

▶ 火星的特徵

地層與斷崖上的侵蝕痕跡顯示，過去曾有水在此流動。

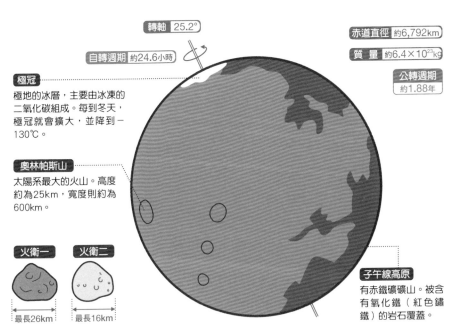

轉軸 25.2°

自轉週期 約24.6小時

赤道直徑 約6,792km

質　量 約$6.4×10^{23}$kg

公轉週期 約1.88年

極冠
極地的冰層，主要由冰凍的二氧化碳組成。每到冬天，極冠就會擴大，並降到－130℃。

奧林帕斯山
太陽系最大的火山。高度約為25km，寬度則約為600km。

子午線高原
有赤鐵礦礦山。被含有氧化鐵（紅色鏽鐵）的岩石覆蓋。

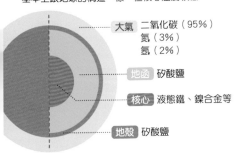

火衛一　**火衛二**

最長26km　最長16km

火星有兩顆衛星，即火衛一和火衛二。

火星剖面圖

基本上跟地球的構造一樣，但核心溫度較低。

大氣 二氧化碳（95％）
　　　 氮（3％）
　　　 氬（2％）

地函 矽酸鹽

核心 液態鐵、鎳合金等

地殼 矽酸鹽

火星上曾有海洋？

目前已知：火星以前也跟地球一樣，有著濃厚的大氣層。過去的氣溫也比較高，而且還有大量的水。地面上都還留有過去受到水流侵蝕的痕跡。

海洋為何消失？

有多種解釋，如：火星失去磁場後，大氣就被太陽風吹散，使得水分流失到太空中。不過，並非所有的水都跑到太空中。火星地底極有可能還有水。

太陽系的各種相關疑問 **第2章**

火星經過改良後，就能住人了嗎？

火星基地的必備設施

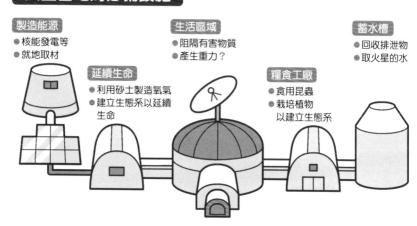

製造能源
- 核能發電等
- 就地取材

延續生命
- 利用砂土製造氧氣
- 建立生態系以延續生命

生活區域
- 阻隔有害物質
- 產生重力？

糧食工廠
- 食用昆蟲
- 栽培植物以建立生態系

蓄水槽
- 回收排泄物
- 取火星的水

火星離**適居帶**（➡P100）不遠，因此人們常討論：假如條件允許的話，是否就能移民火星？但實際上，火星的環境並不適合人類居住〔**下表**〕。為了滿足居住條件，人們研擬了幾個辦法：❶在火星表面**建造火星基地**、❷**外星環境地球化計畫**（terraforming）。

不適合居住的火星環境

- 火星上空氣稀薄，氣壓僅6百帕。
- 暴露在致死等級的太空輻射中。
- 平均氣溫為－60℃。
- 夏季最高氣溫為35℃。
- 冬季最低氣溫為－110℃。
- 不毛之地（凍結的極冠、沙漠、巨大的山）。
- 土壤含有過氯酸鹽等有害物質。
- 地球～火星的單程時間約為200天。
- 火星的重力只有地球的三分之一。
- 沙塵暴會覆蓋整個星球，遮蔽陽光。

❶建造**火星基地**的話，就需要保留空氣、維持溫度，還得設置發電機、製造糧食與水的工廠，以及能夠隔絕太空輻射的居住空間〔左圖〕。雖然可以從地球運送一些設備及材料過去，但終究還是得就地取材，否則移民計畫將無法持續下去。因此，人們已經開始研究如何利用機器人，將火星上的泥沙、水分轉換成氧氣和建築物。只是，人類將會過著「幾乎無法走出基地，只能靠機器人幫忙」的生活。

❷**地球化計畫**的目標是：改善火星的氣候與環境，使它變得跟地球一樣，適合生物定居。目前有個想法是，藉由融化極冠的冰，來增加大氣中的水蒸氣與二氧化碳含量，然後透過溫室效應使火星變暖。這估計需要約100年的時間，而且計算結果顯示，即使執行了，也無法令氣壓升到地球的標準，不僅如此還有留不住大氣的可能性。不過，如果順利的話，就會出現光合生物和液態的水，使氣候穩定下來。

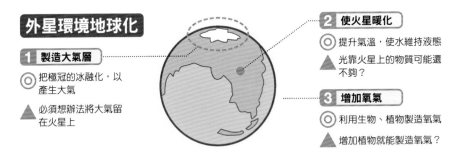

外星環境地球化

1 製造大氣層
◎ 把極冠的冰融化，以產生大氣
▲ 必須想辦法將大氣留在火星上

2 使火星暖化
◎ 提升氣溫，使水維持液態
▲ 光靠火星上的物質可能還不夠？

3 增加氧氣
◎ 利用生物、植物製造氧氣
▲ 增加植物就能製造氧氣？

　　人類必須增加火星大氣的含氧量，才能脫下太空衣走出室外，但這估計**需要十萬年才能達成**。

　　除此之外，還有太陽能源不足、重力太弱、人類帶來負面影響等諸多問題。但人們還是希望能一一解決問題，開拓移居火星的道路。

太陽系的各種相關疑問 第**2**章

46 火星與木星之間有一顆叫做「穀神星」的矮行星

[太陽系行星]

原來如此！ 火星和木星之間有**幾百萬顆小行星**，
人們也在此發現了**「矮行星」穀神星**！

從太陽開始看起的話，火星的下一顆行星就是木星。但其實，兩者之間尚有**由無數顆「小行星」組成的小行星帶**，而在那當中，還有一顆**叫做穀神星的「矮行星」**。

小行星也繞著太陽運行，就跟行星一樣。大部分的小行星都是直徑（或長軸）未滿10km的小天體。在火星和木星的軌道之間，有一個由數百萬顆小行星組成的帶狀區域。這些天體在太陽系剛誕生時，因發生碰撞導致**無法成為行星**，於是，它們就**變成微行星聚集於此**〔**圖1**〕。

由於小型天體的重力較弱，難以形成球形，因此大部分的小行星都**形狀歪斜，像顆馬鈴薯一樣**。探測器「隼鳥號」於2005年著陸的小行星「絲川」，也是長得又細又長。

人類最早發現的小行星叫**「穀神星」**，其直徑為939km〔**圖2**〕。穀神星雖然位在火星和木星之間的小行星帶上，但是自2006年起，即被列為矮行星。太陽系行星的定義是：❶繞著太陽公轉、❷幾乎是球形、❸能夠清除其它天體，使它們離開自己的軌道。而缺乏條件❸的天體，就叫做矮行星。冥王星也是矮行星之一。

小行星是無法成為行星的小型天體

▶小行星帶的公轉方向跟行星一樣〔圖1〕

小行星帶又稱作「主帶」。散布在主帶上的幾百萬顆小行星都跟行星一樣，朝著同一個方向運行。

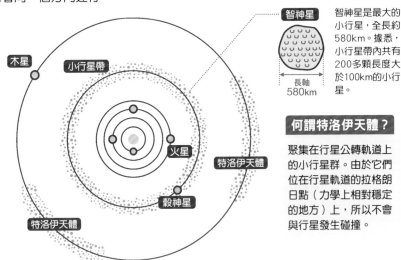

智神星

智神星是最大的小行星，全長約580km。據悉，小行星帶內共有200多顆長度大於100km的小行星。

長軸 580km

何謂特洛伊天體？

聚集在行星公轉軌道上的小行星群。由於它們位在行星軌道的拉格朗日點（力學上相對穩定的地方）上，所以不會與行星發生碰撞。

木星

小行星帶

火星

特洛伊天體

穀神星

特洛伊天體

▶矮行星「穀神星」的特徵〔圖2〕

1 有一座標高3,900m、會噴冰的火山，叫阿胡拉山。

2 有水蒸氣噴出地表，因此推測其地底藏有冰層。

3 表面有許多隕石坑。隕石坑的陰影處有殘冰。

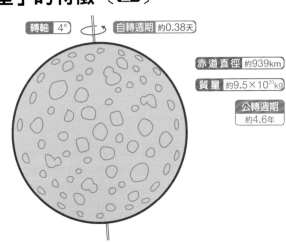

轉軸 4°　自轉週期 約0.38天

赤道直徑 約939km

質量 約9.5×10^{20}kg

公轉週期
約4.6年

47

狂風暴雨吹襲的行星？木星的結構與特徵

原來如此！ 超快的自轉速度使空中颳起強風，把氨形成的雲吹著跑！

　　木星是太陽系由內數來的第五顆行星，同時也是太陽系中最大的行星。其體積為<u>地球的11倍大</u>。**條紋**是木星的一大特徵，<u>**紅棕色的部分叫做「帶」，白色的部分叫作「區」**</u>。這些條紋是由<u>充滿氨氣的雲層</u>所形成。

　　木星的**自轉速度極快，不到十小時就能轉一圈**。因此，木星的上空總是颳著強風，最大風速可達每秒170km。強風的方向與赤道平行，但是風向會隨著維度升高而更迭，每到另一個顏色區域就變換一次。白色的區會產生上升氣流，紅棕色的帶則產生下沉氣流。此外，木星上還有一個風向會改變的區域。這個特別搶眼、像顆眼睛的漩渦狀區域，就叫**大紅斑**。其面積比地球大一倍以上。

　　木星主要由氣體構成，其中有90%是氫氣，10%是氦氣。這個組合幾乎與太陽相同。木星是太陽系中最重的行星，其質量是地球的318倍，假如它的質量是現在的80倍大，那它就會跟太陽一樣，變成恆星，開始產生核融合反應。

　　17世紀時，科學家伽利略以自製望遠鏡發現4顆木星的衛星。而現在，人們又找到**72顆衛星**。

▶ 木星的特徵

具有和赤道平行的條紋。白色的地方有上升氣流，紅棕色的地方有下沉氣流。

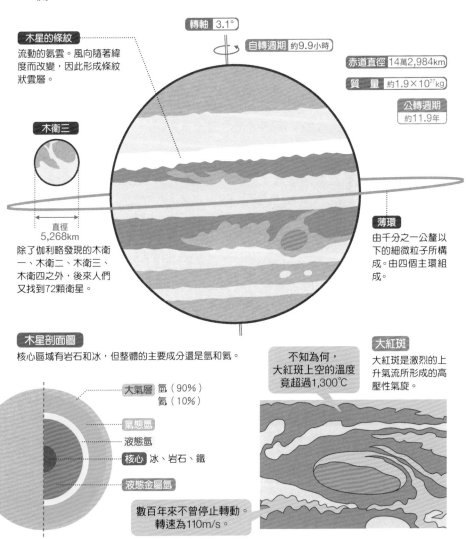

木星的條紋
流動的氨雲。風向隨著緯度而改變，因此形成條紋狀雲層。

轉軸 3.1°

自轉週期 約9.9小時

赤道直徑 14萬2,984km

質 量 約$1.9×10^{27}$kg

公轉週期 約11.9年

木衛三

直徑 5,268km

除了伽利略發現的木衛一、木衛二、木衛三、木衛四之外，後來人們又找到72顆衛星。

薄環
由千分之一公釐以下的細微粒子所構成。由四個主環組成。

木星剖面圖
核心區域有岩石和冰，但整體的主要成分還是氫和氦。

大氣層 氫（90%）　氦（10%）

氣態氫

液態氫

核心 冰、岩石、鐵

液態金屬氫

數百年來不曾停止轉動。轉速為110m/s。

不知為何，大紅斑上空的溫度竟超過1,300℃

大紅斑
大紅斑是激烈的上升氣流所形成的高壓性氣旋。

135

48 巨大行星環是薄片？
[太陽系行星] 土星的結構與特徵

 土星環是由**許多小環集結而成**。
平均厚度只有150m左右！

說到土星的特徵，就一定會想到它的**大環**。土星環的直徑約為30萬km，是土星本身長度的兩倍多。這個環看似是個薄片，但**其實是由許多小環組成的**。而環與環之間也有空隙。

土星環主要是由**冰粒**組成。當中亦夾雜著一些直徑數公分至數公尺的砂與碳。土星環很薄，**平均厚度僅150m**，即使是最厚的地方也只有500m左右。

土星環是怎麼來的？目前最合理的解釋是，**它是由小行星或彗星的撞擊所形成**。換言之，天體飛到土星附近後，就在土星的引力作用下撞上土星，潰散成大量碎片散布在土星周圍，最後便聚集在赤道上方，形成圓環。

土星是太陽系中僅次於木星的第二大行星。土星的主要成分是氫，因此，它的體積雖大，重量卻非常輕。假如能夠**把土星丟到巨大游泳池裡，那它肯定會浮起來。**

土星的自轉速度非常快，約十小時就能轉一圈，造成其南北端受離心力影響而塌陷了10％。土星的北極有一個巨大且神祕的六邊形。人們推測，這可能是雲層形成的波浪形狀。

有<u>薄環</u>的行星。環的平均厚度為150m。

▶ 土星的特徵

土星的大小僅次於木星，是太陽系第二大行星，但密度卻是最小的。若仔細觀察其表面，就會發現它跟木星一樣，有著淡淡的條紋與螺旋紋路。

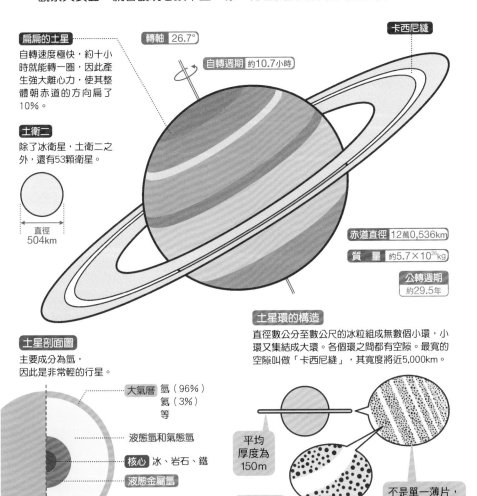

扁扁的土星
自轉速度極快，約十小時就能轉一圈，因此產生強大離心力，使其整體朝赤道的方向扁了10%。

土衛二
除了冰衛星，土衛二之外，還有53顆衛星。

直徑 504km

轉軸 26.7°

自轉週期 約10.7小時

卡西尼縫

赤道直徑 12萬0,536km

質量 約5.7×10^{26}kg

公轉週期 約29.5年

土星剖面圖
主要成分為氫，因此是非常輕的行星。

大氣層 氫（96%）氦（3%）等

液態氫和氣態氫

核心 冰、岩石、鐵

液態金屬氫

土星環的構造
直徑數公分至數公尺的冰粒組成無數個小環，小環又集結成大環。各個環之間都有空隙。最寬的空隙叫做「卡西尼縫」，其寬度將近5,000km。

平均厚度為150m

主要由冰粒組成

不是單一薄片，而是多個細環集結在一起

137

太陽系的各種相關疑問 第**2**章

49

[太陽系行星]

兩顆相似的行星？
天王星與海王星的構造

**原來
如此！** 形狀、大小、顏色、成分相似的**冰行星**。
天王星是**橫躺在軌道上公轉**！

　　天王星和海王星是雙胞胎般的行星，有著相似的大小與成分。由
於人類的肉眼最遠只能看到土星，因此直到1781年，即望遠鏡技術
純熟後，人類才注意到**天王星**的存在（發現者為英國的天文學家，赫
雪爾）。

　　後來，人類透過理論性的預測，發現了**海王星**。天文學家在觀測
天王星的軌道時，發現計算出來的位置與實際不符，因此推測，可能
有其他天體的重力在影響天王星，於是預測了海王星的存在。到了
1846年，人類終於透過望遠鏡發現出現在預測位置上的海王星（發
現者為德國的天文學家，伽勒）。

　　天王星的直徑約為51,100km，海王星的直徑約為49,500km，
兩者相差無幾。它們都有由氫氣、氦氣組成的大氣層，並且都因為大
氣層上層含有甲烷，而呈現藍色。此外，兩者也都擁有**薄環**。

　　兩者之間的差異在於，天王星**呈傾倒狀態進行公轉**〔**圖1**〕。
雖然原因尚不清楚，但最合理的說法為：天王星在很久以前，曾與原
始行星發生碰撞，因而造成轉軸傾斜。

　　另外，海王星的衛星「海衛一」是一顆相當罕見的**「逆行衛星」**
〔**圖2**〕，這代表，它的公轉方向與海王星的自轉方向相反。

138

被甲烷大氣籠罩的冰行星

▶ 天王星躺著公轉
〔 **圖1** 〕

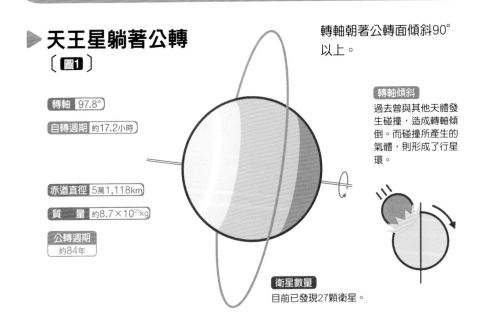

轉軸朝著公轉面傾斜90°
以上。

轉軸 97.8°

自轉週期 約17.2小時

赤道直徑 5萬1,118km

質 量 約8.7×10^{25}kg

公轉週期
約84年

轉軸傾斜
過去曾與其他天體發
生碰撞，造成轉軸傾
倒。而碰撞所產生的
氣體，則形成了行星
環。

衛星數量
目前已發現27顆衛星。

▶ 海王星擁有一顆逆行衛星〔 **圖2** 〕

海王星的衛星，海衛一是「逆行衛星」，其運行方向恰好與海王星的自轉方
向相反。

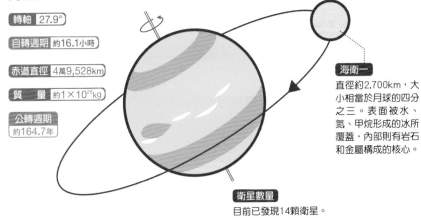

轉軸 27.9°

自轉週期 約16.1小時

赤道直徑 4萬9,528km

質 量 約1×10^{26}kg

公轉週期
約164.7年

海衛一
直徑約2,700km，大
小相當於月球的四分
之三。表面被水、
氮、甲烷形成的冰所
覆蓋，內部則有岩石
和金屬構成的核心。

衛星數量
目前已發現14顆衛星。

50 不是行星，而是矮行星？

冥王星與太陽系外緣天體

原來如此！ 冥王星曾被視為行星，但現在已變成「**太陽系外緣天體**」之中的**矮行星**！

　　冥王星自1930年被發現以來，就一直被當成行星看待，但是**自2006年起，它就被列為「矮行星」了**。冥王星比月球小，其直徑約為2,380km。它主要由冰和岩石組成，其表面覆蓋著甲烷冰。它的運行軌道是扭曲的橢圓形，公轉週期則是248年。

　　目前已知冥王星有五顆衛星。人們認為，其中最大顆的**冥衛一**可能是在別處形成的天體，因為它與冥王星的性質大不相同。

　　海王星外側有個甜甜圈狀的區域，稱作「**古柏帶**」。這個區域內充滿了由冰、岩石形成的無數小天體。近年，人們在這個區域內**發現了一些大小與冥王星相似的天體**，所以才把冥王星降級為矮行星。

　　位在古柏帶上的天體叫做「**太陽系外緣天體**」。目前，人們已發現上千個天體，但根據推測，實際數量可能是它的一千倍左右。大小跟冥王星差不多的矮行星有**鬩神星**、**妊神星**、**鳥神星**等。

▶古柏帶上的矮行星

分布在海王星軌道（30AU）至55AU之間的天體群。人們推測，那裡有數十萬個直徑超過100km的天體，還有一兆顆彗星。

冥衛一

直徑
1,172km

冥王星

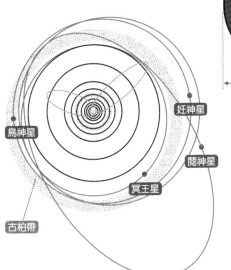

直徑2,377km

冥王星的表面溫度約−230℃。表層被含有甲烷等物質的冰覆蓋，下面則有水結成的冰。內部由含水的岩石組成。冥衛一的大小約為冥王星的一半，它的表面也覆蓋著一層冰。極地有個叫做「魔多」的神祕黑暗區域。

妊神星

鳥神星

鬩神星

冥王星

古柏帶

鬩神星

直徑約2,400km

於2005年發現。公轉週期為561年。

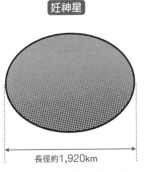

妊神星

長徑約1,920km

公轉週期為282年。因高速旋轉而變形。

鳥神星

直徑約1,400km

於2005年發現。公轉週期為305年。

有辦法以人工製造出太陽嗎？

能否將木星變成太陽？

〔圖1〕

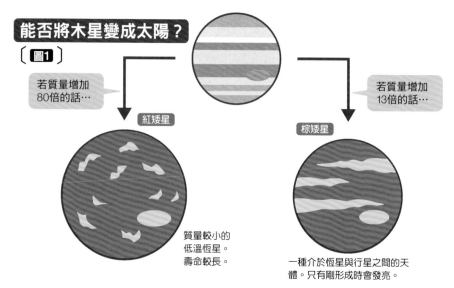

若質量增加80倍的話…

紅矮星

質量較小的低溫恆星。壽命較長。

若質量增加13倍的話…

棕矮星

一種介於恆星與行星之間的天體。只有剛形成時會發亮。

「太陽」是太陽系中不可或缺的成員。假如科技夠進步的話，人類是否就能打造出人造太陽？

太陽透過氫氦核融合反應釋放出莫大的能量。因此，**想製造出太陽，就需要大量的氫和氦**。接著，只要在它的核心處製造出1,600度的高溫，以及2,500億個大氣壓的高密度，就能引發核融合反應，使人造太陽開始發光了吧。然而，地球上的氫、氦含量較低，根本不足以應付製造新太陽所需的量。

質量也是製造太陽時的一大重點。據悉，若恆星的質量未達太陽的8%，就不會引發連續性的氫核融合反應。那麼，如果是「**把太陽系最大的行星，木星變得跟太陽一樣**」的方法，是否就可行了？

木星的質量只有太陽的0.1%，因此至少得讓它增重80倍。然

而，即使將剩下的七顆太陽系行星加起來，也達不到一顆木星的質量，因此根本不可能湊到太陽質量的8%。

若不執著於氫核融合的話，那也能改而利用氦的核融合反應，將木星變成**棕矮星**。這樣一來，**只要讓木星的質量成長13倍，就能使它變成恆星**。只不過，這樣做可能會引來幾十個木星大小的系外小行星，並與木星發生碰撞……〔**圖1**〕。

假如我們擁有製造黑洞的技術，那也可以把超小型黑洞埋進木星裡，以增加木星的質量。但將來，黑洞恐怕會愈長愈大，因此，這不是什麼值得推薦的好方法。

順帶一提，人們正在開發**核融合發電**技術〔**圖2**〕。換句話說就是在地球上製造迷你太陽，然後用它的能量發電。若繼續研究下去，或許就有辦法製造出第二顆太陽了。

核融合發電的運作方式〔**圖2**〕

將電漿加熱至一億度以上，引發氘的核融合反應，以產生電力。

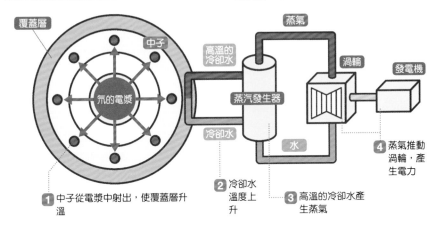

覆蓋層

中子

氘的電漿

高溫的冷卻水

蒸氣

蒸汽發生器

渦輪

發電機

冷卻水

水

1 中子從電漿中射出，使覆蓋層升溫

2 冷卻水溫度上升

3 高溫的冷卻水產生蒸氣

4 蒸氣推動渦輪，產生電力

太陽系的各種相關疑問 第**2**章

如何在夜空中找到行星？

原來如此！ 你可以在**太陽的附近**找到**水星**、**金星**；
在**太陽的相反側**找到**火星**、**木星**、**土星**。

即使望著天空，也找不太到疑似是行星的東西。那麼，究竟該怎麼找，才能看到其他行星呢？

水星和金星是「**內側行星**」，也就是**位在地球與太陽之間的行星**。由於它們從未遠離過太陽，所以在晚上是看不到的。我們只能在陽光微弱的黎明和黃昏時看到它們。而**觀測它們的最佳時機，就是內側行星距離太陽最遠的時候（大距）**。水星一年會出現六次大距。金星不見得每年都有大距，但因為它是一顆明亮的星星，所以很容易被找到。

火星、木星和土星是「**外側行星**」，這代表它們的**公轉軌道在地球外側**。外側行星跟內側行星不一樣，它們**出現在太陽的相反側時，反而容易被找到**。從日落到日出都能看到它們的蹤影。

火星花費約兩年的時間在黃道（➡P210）上移動。木星和土星雖然在更遙遠的地方，但因為它們是大型行星，所以看起來更加明亮。木星的公轉週期大約是12年，因此，看起來就像每年都會在12個黃道星座中逐一移動。

土星的公轉週期大約是30年，因此每隔2.5年就會在黃道12星座中移動一次。所以，只要記住它的位置，就能馬上找到它。順帶一提，**天王星和海王星是無法用肉眼看見的**。

用不同的方式尋找內側行星與外側行星

▶ 朝著看得到的方向觀察吧

內側行星於黎明或黃昏時現身

內側行星看起來永遠不會離開太陽超過一定的角度。請趁大距時的清晨或傍晚尋找它們。它們會出現在太陽附近。

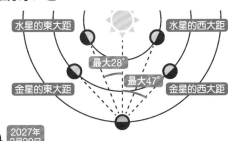

水星的東大距　水星的西大距
最大28°
金星的東大距　最大47°　金星的西大距

趁火星接近地球時

火星會出現在沒有太陽的那一側。火星每隔兩年又兩個月靠近地球一次，此時的它看起來最明亮。左圖為火星最接近地球的時間。

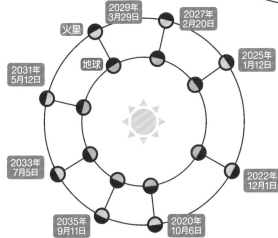

2029年3月29日
2027年2月20日
火星
2025年1月12日
地球
2031年5月12日
2022年12月1日
2033年7月5日
2035年9月11日
2020年10月6日

看得見木星、土星的方向

它們看起來就像在黃道12星座之間移動。由於每年只移動一點點，因此可以利用星座來尋找它們。

金牛座　白羊座
2025年9月
雙魚座
雙子座
水瓶座
2026年1月
2022年8月
2023年11月
2024年12月
2026年10月
2020年7月
2020年7月
2022年9月
2024年9月
2021年8月
2023年8月
魔羯座
2021年8月
射手座

○ 木星
○ 土星　※2020年～2026年的行星位置。

太陽系的各種相關疑問　第2章

52 流星是怎麼形成的？

[其他天體]

原來如此！ 超高速**微粒子壓縮大氣而產生的發光現象**。
若在同一時段內大量出現，就叫「**流星雨**」！

劃過夜空後隨即消失的流星，究竟是怎麼來的？

流星是指：**來自太空的微粒子壓縮空氣時引發的發光現象**。太空中有許多微粒子。比較接近地球的就被地心引力吸引，掉進大氣層中。然後，高速移動的微粒子就會擠壓它前方的空氣，使空氣因受到壓縮而發熱。而這又導致**微粒子被蒸發、化成電漿**，所以才會發出亮光〔**圖1**〕。

微粒子有大有小，有些像好幾公分的石頭，有些則像未達0.1mm的灰塵。它們雖小，但還是會因為高溫而發出強光，所以我們才有辦法用肉眼看見它的光。

流星可分為兩類：不定時出現的，叫做**偶現流星**；集中在同一時段內大量出現的，叫做**流星雨**。流星雨是由彗星掉落的塵埃所造成。彗星遺留的塵埃會散布在彗星軌道上，因此當地球通過彗星軌道時，大量的塵埃就會落入大氣層中，發出耀眼的光芒。流星雨每年都會在差不多的時期，從特定方位上的某一點飛來。這個點叫做「**輻射點**」。若輻射點的方向恰好有星座，那麼流星雨看起來就會像「來自那個星座」，因此才會有「英仙座流星雨」、「獅子座流星雨」等名稱〔**圖2**〕。

地球穿越彗星軌道時，就有流星雨

▶流星的由來〔圖1〕

太空中的微粒子受地球引力影響，落入大氣層中形成流星。

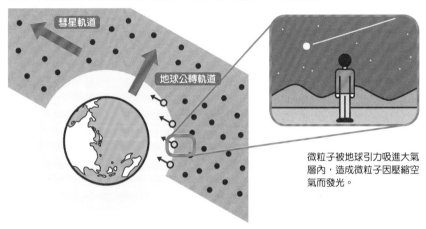

彗星軌道

地球公轉軌道

微粒子被地球引力吸進大氣層內，造成微粒子因壓縮空氣而發光。

▶為何看起來像「呈放射狀飛來」？〔圖2〕

地球通過它與彗星軌道的交點時，微粒子群會朝著同一方向平行飛入大氣層，於是，遠近感就會使之看起來像是從某一點放射出來。

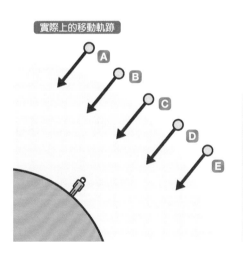

實際上的移動軌跡

A
B
C
D
E

雙子座的所在方位

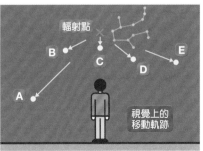

輻射點

B
C
D
E
A

視覺上的移動軌跡

53 來自太空的彗星究竟是什麼？

[其他天體]

原來如此！
由灰塵和冰形成的「**髒雪球**」
被太陽的熱所蒸發，於是變成長尾巴！

　　「**彗星**」又稱「掃把星」。它究竟是什麼樣的星星？有什麼樣的構造呢？

　　其實，「彗」字亦有「**掃帚**」的意思。彗星是一種沿著狹長橢圓軌道，繞著太陽公轉的天體。當它接近太陽時，背對太陽的那一側就會出現一條長長的尾巴，像把掃帚似的，所以才會有「掃把星」這個別稱。

　　「**彗核**」是彗星的主體，通常由數公里至數十公里大的冰塊與塵埃所組成。冰的主要成分是水，亦含有二氧化碳和甲烷等物質。灰塵則是岩石顆粒。彗核接近太陽時，受熱的表層就會蒸發，產生一層叫做「**彗髮**」的氣體包覆著彗核，然後開始發光。接著，它會釋放出氣體與塵埃。**這些氣體與塵埃在太陽風或太陽光的壓力下，形成了一條長長的尾巴，朝著太陽的反方向延伸**〔**圖1**〕。

　　彗星可分為公轉週期未滿200年的「**短週期彗星**」，以及週期超過200年的「**長週期彗星**」。著名的哈雷彗星即是一顆短週期彗星，其公轉週期為76年。下次到來的時間是2062年。

　　短週期彗星來自古柏帶（➡P140）附近，長週期彗星則來自更外圍的小天體聚集處——「**歐特雲**」〔**圖2**〕。

▶ 彗星的真面目是一大塊冰〔圖1〕

拖著搶眼長尾巴的彗星，其實是數公里～數十公里大的冰塊。尾巴是冰塊融化時釋放出來的東西。

彗核 彗核是含有岩石與灰塵的冰塊，俗稱「髒雪球」。

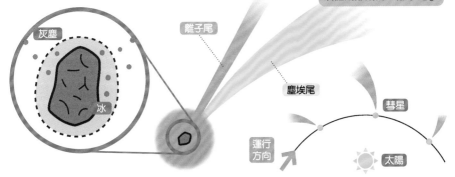

後頭拖著塵埃形成的「塵埃尾」，以及本體釋出的氣體所形成的「離子尾」

灰塵

離子尾

冰

塵埃尾

彗星

運行方向

太陽

彗星接近太陽，導致彗核的冰被融化，往太陽的反方向釋出氣體（電漿）與塵埃。

▶ 歐特雲與彗星〔圖2〕

荷蘭天文學家歐特指出，有一個球狀天體群包覆著太陽系，而長週期彗星就是來自那裡。此天體群叫做「歐特雲」。據悉，從太陽到它的外緣，約有1萬～10萬AU（0.1～1.58光年）那麼長。

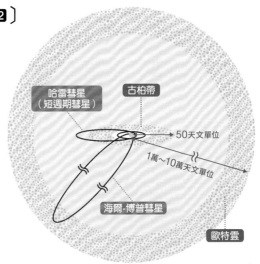

哈雷彗星（短週期彗星）

古柏帶

50天文單位

1萬～10萬天文單位

海爾-博普彗星

歐特雲

149

54 隕石是什麼？跟流星不一樣嗎？

[其他天體]

原來如此！ 在燃燒殆盡前就落至地面的石頭是隕石。
大氣被壓縮而產生的發光現象，就叫流星！

流星和隕石都是被地心引力吸引過來的外太空物質。兩者究竟有何不同？

有時候，外太空的冰塊或岩石會掉入地球。此時，**因壓縮大氣層而發光的，叫做流星**（➡P146），而**來不及完全蒸發就掉到地上的石頭，就叫做隕石**。

隕石可分為幾個種類。**石隕石**的主要成分是岩石，**鐵隕石**（隕鐵）的主要成分是鐵和鎳〔**圖1**〕。

位在非洲納米比亞境內的霍巴隕鐵，是地球上現存最大的隕石。它的直徑約有2.7m，且重達60噸。日本最大的隕石位在滋賀縣大津市內。這顆隕石叫做田上隕鐵，重約174kg。

隕石在太空中飛行時不會遭受侵蝕，這代表，它能向我們透露遠古太陽系的狀況。因此，隕石又被稱作「**太陽系的化石**」。事實上，告訴我們太陽系誕生於46億年前的，正是古老隕石的調查結果〔**圖2**〕。

南極洲昭和基地附近的大和山以「容易採集隕石」聞名。落在冰蓋上的隕石，都會被冰河搬運到別的地方去，但撞上山脈後，就會被留在原地了。**日本在南極採集到的隕石，已多達16,000多顆**。

隕石是記錄太陽系初期歷史的「化石」

▶ 小行星的碎片容易變成隕石〔圖1〕

大一點的碎片即使變成發光的流星，也會在燃盡之前落地。

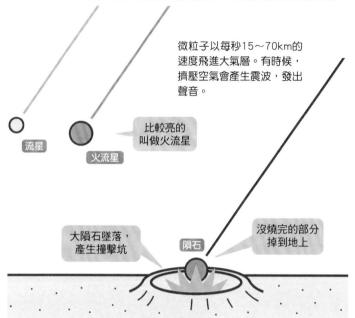

微粒子以每秒15～70km的速度飛進大氣層。有時候，擠壓空氣會產生震波，發出聲音。

流星

比較亮的叫做火流星

火流星

大隕石墜落，產生撞擊坑

隕石

沒燒完的部分掉到地上

石隕石

由岩石所構成的隕石。有些隕石在天體上經歷過溶融，有些則沒有經歷過。而掉到地球上的有80％都屬於後者。

鐵隕石

含有鐵、鎳的隕石。八萬年前墜落的霍巴隕鐵約有84％是鐵。

▶ 利用放射性元素含量來推定隕石的年齡〔圖2〕

放射性元素會一面放出射線，一面衰變成另一種元素。只要檢測隕石中的放射性元素含量，以及衰變後的元素含量，就能計算出該隕石的年齡。

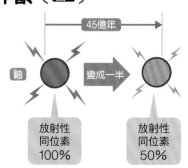

45億年

鈾

變成一半

放射性同位素100%

放射性同位素50%

若能取出隕石內的元素，就能推算出其年齡。

55 適居帶外也有水或生命嗎？

原來如此！ 有幾個星球上極可能有水！如木星的衛星「**木衛二**」、土星的衛星「**土衛六**」。

生命活動不能沒有**液態水**。人們將恆星周圍有液態水的區域，稱作適居帶（➡P100），不過，有幾顆位在適居帶外的星球也可能擁有液態水。

首先是木星的衛星，**木衛二**。這顆衛星的表面布滿褐色的斑點與條紋。人們認為，這應該是融冰留下的痕跡。而且幾乎已經確定的是，在那數km～30km的厚重冰層下，**有個約100km深的海洋**。在地球的深海中，有不少微生物和生物都生活在海底熱泉噴發口附近。假如木衛二的海底也有熱泉噴發口，那麼那裡極有可能也有生物〔**圖1**〕。

接著來看土星的衛星，**土衛六**。卡西尼號探測器的探查資料顯示，這個星球上有**液態甲烷和液態甲烷的湖泊**。此外，它還有由甲烷、氮氣等氣體所組成的稠密大氣。這種環境類似於原始地球的環境，因此人們認為，這裡很可能有原始生命〔**圖2**〕。除此之外，據說**土星的土衛二也有海洋**。它的表面雖被冰雪覆蓋，但還是有間歇泉從裂縫中噴出。

這代表，適居帶外也有水、**有「存在著外星生物」的可能性**。

木星、土星的<u>衛星</u>上可能有生命

▶ 木衛二也許有很深的海洋〔圖1〕

木衛二的表層覆蓋著一層冰，但人們認為，冰層下可能有海。

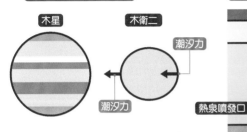

靠潮汐力變成液體

木星　木衛二　潮汐力　潮汐力

木星的潮汐力使木衛二的岩石受到擠壓，產生摩擦熱。於是，木衛二的冰就被摩擦熱融化，變成液態的水。

噴發口旁有生物？

海中有微生物？　冰　液態水　熱泉噴發口

地球的海底熱泉噴發口是生命寶庫。假如木衛二也有熱泉噴發口，就很有可能有生物。

▶ 與原始地球相似的土衛六〔圖2〕

土衛六的環境跟遠古地球差不多，因此可能孕育出生命。

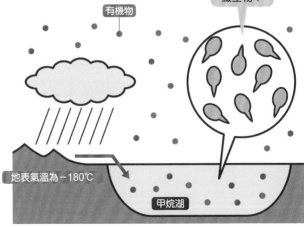

土衛六
其稠密大氣層的主要成分為氮氣、甲烷。

有機物

既然有湖，是否就會有微生物？

地表氣溫為−180℃

甲烷湖

紫外線使大氣中產生有機物，形成甲烷雨降到地面。

太陽系的各種相關疑問　第2章

用老師的觀測數據證明了地動說

約翰尼斯‧克卜勒
（1571－1630）

　　約翰尼斯‧克卜勒是德國的天文學家。他從他老師（第谷‧布拉赫）的天文觀測數據中，發現了行星的軌道與運行規律。後來，「克卜勒定律」為地動說提供了數學上的有力證據，也為牛頓的萬有引力定律奠定了基礎。

　　克卜勒在大學學習神學時，對天文學產生了興趣。畢業後，他成為一名數學老師，但同時，他也一直在構思地動說型的宇宙模型。後來，克卜勒認識了長年進行精確天文觀測的第谷，並成為他的助手。

　　當時，人們認為行星是在完美的圓形軌道上移動。但克卜勒在研究第谷花費十幾年心血蒐集來的龐大數據時，卻發現火星具有橢圓軌道。於是他推論出，行星具有以太陽為中心的橢圓軌道（橢圓定律），還有，行星運動的面積速度是恆定的（等面積定律），另外，行星公轉週期的平方，和它與太陽的平均距離的立方成正比，且所有行星都適用此定律（週期定律）。以上合稱「克卜勒定律」。

　　克卜勒的日子過得並不輕鬆。他體弱多病，在研究期間也因為瘟疫與戰亂的關係，而不得不放棄原本的職場與家園，過著顛沛流離的生活。但，就像他在發現定律之後所說的「我實現了當初在天文學上立下的宏願」一樣，他終究還是靠著堅持不懈的努力，實現了最初的抱負。

第3章

與太空有關的

技術與
最新研究

天文望遠鏡、太空站、人工衛星……
人們運用各式各樣的新技術
來研究宇宙，並加以利用。
本章將帶領各位了解最新科技與太空發展的關係。

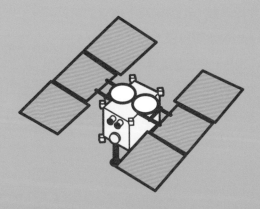

56 [望遠鏡] 觀測宇宙的望遠鏡，為什麼能看得那麼遠？

原來如此！ 因為天文望遠鏡可**觀測**天體發出的**電磁波**。此外亦有觀測**重力波**的望遠鏡！

　　望遠鏡能看到遙遠的外太空，連遠到不像話的天體都能觀測。這究竟是怎麼辦到的呢？

　　我們仰望夜空時，之所以能看見星星，是因為我們的眼睛能感受到來自宇宙的**光（可見光）**。普通的望遠鏡都是藉由捕捉這種光，來顯現遠處物體的影像。然而，可見光只能揭示一小部分的天體和天文現象。在各式各樣的天體之中，只有溫度較高的恆星和星系會發光，因此還需捕捉其他的「**電磁波**」才行。

　　電磁波是「波」，如光、無線電波、紅外線、紫外線等，其類型則是根據**波長**來做分類〔**圖1**〕。許多天體即便不會發光，也會發出某種電磁波。

　　為此，人們開發了新的望遠鏡，以便捕捉光以外的電磁波。由於只有光、無線電波、紅外線和一部分的紫外線可以穿透大氣層來到地面，因此人們也會將**科學（天文）衛星和天文望遠鏡**送上太空，以便觀測來自宇宙的各式電磁波〔**圖2**〕。自2015年起，**重力波望遠鏡**也加入了天文觀測的行列。由於重力波不是電磁波，而是顯示空間扭曲的波，因此我們也能利用它來觀測黑洞相撞等天文現象。

光和紫外線都是電磁波

▶ 根據電磁波的波長來分類 〔圖1〕

在各式電磁波當中，人眼看得見的光（可見光）只占了一小部分。天體與天文現象則會發出光以外的各式電磁波。

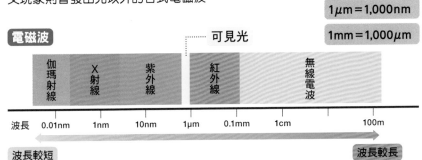

1μm＝1,000nm

1mm＝1,000μm

電磁波

可見光

| 伽瑪射線 | X射線 | 紫外線 | 紅外線 | 無線電波 |

波長　0.01nm　　1nm　　10nm　　1μm　　0.1mm　　1cm　　　　100m

波長較短　　　　　　　　　　　　　　　　　　　　　　波長較長

▶ 各式各樣的望遠鏡 〔圖2〕

地面望遠鏡只能捕捉到部分來自宇宙的電磁波，因此人們也會將科學衛星等儀器送上太空，直接在太空中觀測天體與天文現象。

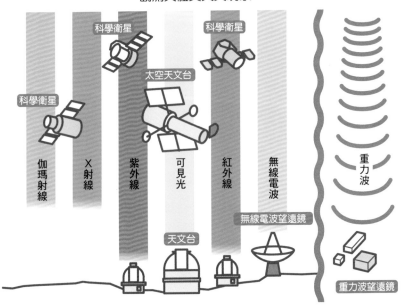

科學衛星　　科學衛星　　太空天文台　　科學衛星

伽瑪射線　X射線　紫外線　可見光　紅外線　無線電波　重力波

無線電波望遠鏡

天文台

重力波望遠鏡

與太空有關的技術與最新研究　第3章

新一代的望遠鏡
有哪些？

世界各國與NASA等，都在研發
具有巨大主鏡的望遠鏡！

　　我們在第156頁中提過，目前已經有能夠捕捉重力波的望遠鏡，那麼，望遠鏡界的最新發展又是什麼呢？就讓我們從最新的望遠鏡計畫當中，挑出幾項來看看吧。

　　TMT（Thirty Meter Telescope）是一座由美國、加拿大、中國、印度、日本共同開發、建造在夏威夷茂納凱亞火山山頂的望遠鏡〔**圖1**〕。**望遠鏡的主鏡愈大，就能蒐集到更多天體的光**，因此性能也會隨之提升。TMT就和它的名字一樣，是一座設有**30m口徑**（Thirty Meter）主鏡的望遠鏡。它的集光力大約是昴星團望遠鏡（日本最厲害的望遠鏡，搭載8.2m口徑主鏡）的13倍。完工後，人們就可以用它來調查宇宙初期的模樣，或是用它來尋找跟地球相似的系外行星。另外，ESO（歐洲南天天文台）正在興建39m口徑的望遠鏡。

　　詹姆斯・韋伯太空望遠鏡（JWST）是一座由NASA主導開發的紅外線太空望遠鏡〔**圖2**〕。目前，哈伯太空望遠鏡在大約600km的高度上運行，而JWST將被安置在地球背對太陽側的150萬公里外。JWST的主鏡口徑**約為6.5m**，哈柏太空望遠鏡的口徑則是2.4m，故兩者的面積相差七倍之多。據說JWST將能助我們觀測到大爆炸兩億年後的宇宙。

用最新型望遠鏡觀測初期宇宙

▶ TMT的構造〔圖1〕

座落在夏威夷茂納凱亞火山山頂的光學望遠鏡。下圖為完工模擬圖。

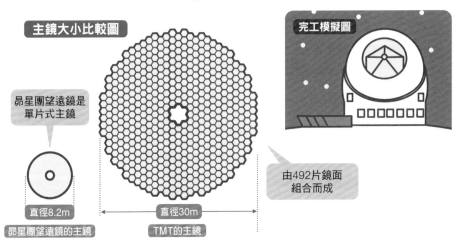

主鏡大小比較圖

昂星團望遠鏡是單片式主鏡

直徑8.2m

昂星團望遠鏡的主鏡

由492片鏡面組合而成

直徑30m

TMT的主鏡

完工模擬圖

▶ 詹姆斯·韋伯 太空望遠鏡的構造〔圖2〕

於2021年發射。人們期望用它來解開更多宇宙之謎。

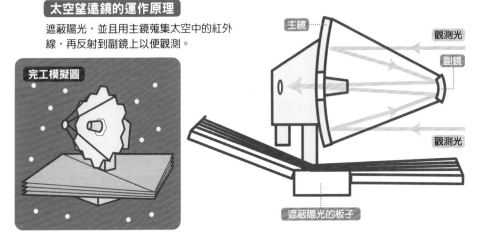

太空望遠鏡的運作原理

遮蔽陽光,並且用主鏡蒐集太空中的紅外線,再反射到副鏡上以便觀測。

完工模擬圖

主鏡

觀測光

副鏡

觀測光

遮蔽陽光的板子

與太空有關的技術與最新研究 第3章

58
[火箭]

為什麼噴射機無法飛到外太空？

原來如此！ 必須**儲備氧氣**，並且以7.9km/s以上的**速度**飛行，才有辦法上太空！

飛機（噴射機）和火箭都是藉由噴射氣體來推進機身的。那麼，為何只有火箭上得了太空？

噴射機無法進入太空的理由之一是：**太空中沒有氧氣**。噴射引擎需要消耗空氣中的氧氣，才能燃燒其燃料，所以無法在沒有空氣的太空中飛行。**火箭則是同時載運燃料與氧氣**，因此，即使進入太空中也能燃燒燃料，繼續飛行。

火箭能飛上太空的另一個理由是：**速度**。即使是高性能的噴射戰鬥機，**最高時速也只有3,500km左右**，而且頂多只能飛到三萬公里高。若要飛上太空，將人造衛星送入軌道，那麼速度至少得高於7.9km/s（時速28,400km）才會成功。這就叫**第一宇宙速度**。

接著，若要讓探測器擺脫地球重力，飛往月球、火星、木星或其他地方的話，那就需要**11.2km/s（時速40,300km）**以上的速度。此速度稱為**第二宇宙速度**。

火箭在沒有氧氣的地方也能繼續燃燒燃料、維持速度，以對抗地心引力，所以才有辦法飛到外太空。

▶ 進入太空所需的速度

將人造衛星送入軌道，至少需要每秒7.9km（時速28,400km）的速度。發射探測器前往月球、火星、木星等星球，至少需要每秒11.2km（時速40,300km）的速度。

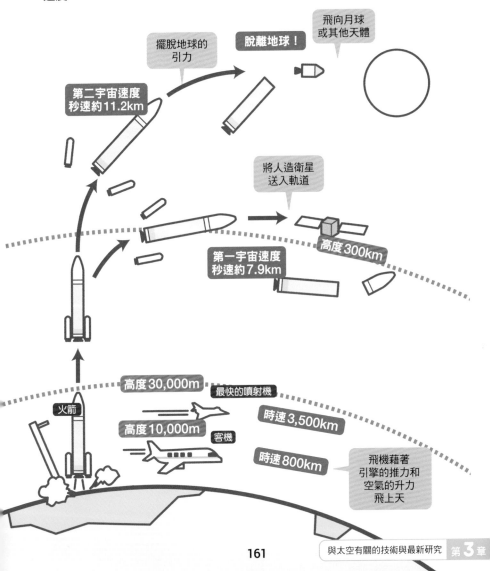

飛向月球或其他天體

擺脫地球的引力

脫離地球！

第二宇宙速度
秒速約11.2km

將人造衛星送入軌道

高度300km

第一宇宙速度
秒速約7.9km

高度30,000m　最快的噴射機

高度10,000m　客機

時速3,500km

時速800km

火箭

飛機藉著引擎的推力和空氣的升力飛上天

59 火箭有哪些種類？

[火箭]

原來如此！ 有發射**超小型衛星**的火箭，
也有發射**太空船**的火箭，種類繁多！

美國、俄羅斯、歐洲太空總署（ESA）、中國、印度和日本都有發射人造衛星和太空船的大型火箭。

太空梭於2011年退役後，美國便一直依靠**俄羅斯的「聯盟號」**將太空人與物資送上國際太空站（ISS）。在這段期間，民營公司也開始取代NASA進行火箭與太空船的開發。2020年5月，民營企業SpaceX成功發射了大型火箭「**獵鷹9號**」和載有兩名太空人的**太空船「飛龍2號」**，將人員和貨物安全送抵ISS。

日本是繼俄羅斯、美國和法國之後，第四個成功發射人造衛星的國家。自1955年開啟太空競賽以來，已有多種火箭問世，而日本正在使用的火箭有：液態燃料火箭「**H-IIA**」和「**H-IIB**」，以及固態燃料火箭「**愛普瑟隆**」。目前，日本正在開發H-IIA與H-IIB的後繼機──**H-III運載火箭**。

近年，只有手掌大的袖珍型衛星已問世，火箭也變得更小、更便宜。JAXA於2018年發射的衛星運載火箭「**SS-520**」5號機，已被金氏世界紀錄認證為「世界上最小的火箭」。

▶ 日、美的主力火箭

日本發射人造衛星或行星探測器時，主要是使用H-IIA、H-IIB和愛普瑟隆運載火箭。

> H-IIA、H-IIB
> 擁有世界上
> 數一數二的
> 高發射成功率

> 提升
> 運用與
> 發射系統
> 的效率

> 世界最小
> 的火箭

> 自1994年
> 開發出H-II系列後，
> 25年來第一次進行
> 全面性模型改組

> 第一節
> 火箭分離後，
> 可回收再利用

9.65m

24.4m

56.6m

63m

70m

SS-520	**愛普瑟隆**	**H-ⅡB**	**H-Ⅲ**	**獵鷹9號**
用於發射超小型衛星（約4kg左右）。	費用低、效能高的固態燃料火箭。用於發射小型衛星。	載有液態氫和液態氧的液態燃料火箭。用於發射人造衛星、運送補給物資給ISS等。	日本下一期的大型主力火箭H-IIB的後繼機種。於2021年發射試驗機。	載有液態氧和煤油的液態燃料火箭。由SpaceX研發製造。

可以在太空中製造太

小行星結合型太空船 〔圖1〕

或許能吸附在小行星上，吸取它的水
分作為太空船的燃料。

1 吸取小行星內的水分，再將水
分解成氫、氧，以作為推進燃
料。

2 吸乾水分之後，就移
動到別的小行星上。

　　燃料的重量約占火箭總重的90%。大部分的燃料都耗在「將火
箭發射到太空中」的階段，因此，要從地球上發送太空船等重物到太
空中，就顯得非常沒有效率。那麼，有沒有辦法**利用太空中的物質，
製造出太空船的替代品**呢？好比小行星之類的。由於太空中只有微量
的氣體，因此，即便是凹凸不平的小行星，也是裝個引擎就能飛，不
必像飛機那樣裝上機翼。

　　其實，有一項研究就是打算**利用探測器捕捉小行星，再把它運到
地球附近**，這樣或許就可以將小行星變成太空船加以利用。該計畫是
打算將小行星收進探測器中，並使用電力推進引擎慢慢改變其軌道，
將其推向目的地。

　　假如小行星含有冰或水，就可以利用電解，製造出氧氣、氫氣等
燃料。而這些燃料就能夠推動小行星，使之成為**結合型的太空船**

空船嗎？

小行星型太空船 〔圖2〕

用搭載挖掘機或者3D列印機的太空船，將小行星改造成太空船。

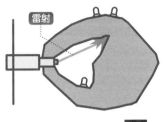

2 用雷射削掘小行星內部，同時用無人機蒐集材料。

雷射

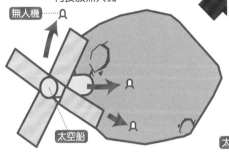

1 先讓太空船與小行星結合，再投放無人機。

無人機

太空船

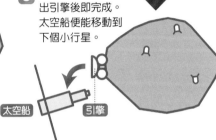

3 用蒐集到的材料作出引擎後即完成。太空船便能移動到下個小行星。

太空船　引擎

〔**圖1**〕。這代表，只要不停更換小行星，就能補充燃料，助我們飛向更遙遠的宇宙。

　　有個研究項目，則是計畫**將小行星改造成太空船**。「Project RAMA」的計畫是，先讓小太空船和小行星結合，再就地取材，然後**利用3D列印技術製造引擎，以推動小行星**。順帶一提，國際太空站（ISS）也裝設了3D列印機，用於製作工具、零件等。

　　這樣一來，只要將無人機投放到小行星上，或許就能利用雷射挖空小行星內部，把它改造成太空船〔**圖2**〕。不過，它耐用嗎？在太空中移動時，幾乎不會撞到東西，推進時的衝擊力也很弱，因此人們推測，即使是可再生的輕量化零件，也足以應付太空環境。

　　這些研究項目仍處於計畫階段，但說不定會比我們想的還要快實現……？

60 ISS在做什麼？

原來如此！ 在太空環境中**做材料、藥物的實驗與研究**，並調查太空環境**對生物的影響**！

國際太空站（ISS）是一個由美國、俄羅斯、歐洲、加拿大和日本共同建造的**實驗設施**。人們於1998年開始建造ISS，然後自2000年11月起，就一直有太空人留駐於ISS。

ISS在**約400km的高度**繞著地球運行，每轉一圈大約需要90分鐘。它的重量大約是420噸，尺寸約為108.5m×72.8m（約一個足球場大）。內有四個實驗室，以及供太空人吃飯、洗澡的起居空間，**最多可容納六人在那裡生活**〔**右圖**〕。各國除了在ISS上觀測地球和天體之外，還會利用「太空」這種特殊環境來進行研究與實驗。

日本擁有的實驗艙叫做「**希望號**」。在那裡，太空人會利用幾乎失重的環境（微重力），進行材料和藥物的研究開發，並且調查太空環境對人類和生物造成的影響。

希望號外面有個**曝露設施**（Exposed Facility），供太空人在那裡進行「讓電子器材暴露在宇宙射線中」的實驗。另外，希望號也具備發射人造衛星的功能。人們會趁著一年約八次的物資補給時，將小型人造衛星一起送上太空站，然後再利用彈簧發射衛星。

▶ 國際太空站的構造

ISS約有一個足球場那麼大，但絕大部分都是太陽能板。它至少能繼續運作到2024年。

空氣怎麼來？

利用水電解製造氧氣。二氧化碳和電解所產生的氫氣則排放到太空中。

食物怎麼辦？

食品都被裝在塑膠容器內，以防飛散。種類多達200種以上，相當豐富。

水從哪裡來？

每年所需的量大約是7.5噸。可以從地球上運過去，或是利用汙水再生系統，從尿液中回收水分再利用。

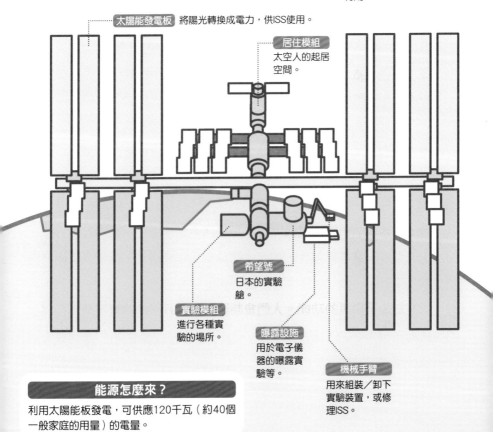

太陽能發電板 將陽光轉換成電力，供ISS使用。

居住模組
太空人的起居空間。

希望號
日本的實驗艙。

實驗模組
進行各種實驗的場所。

曝露設施
用於電子儀器的曝露實驗等。

機械手臂
用來組裝／卸下實驗裝置，或修理ISS。

能源怎麼來？

利用太陽能板發電，可供應120千瓦（約40個一般家庭的用量）的電量。

61 繼ISS之後，還有下個太空站嗎？

[人造天體]

原來如此！ ISS的後繼者，將由繞月軌道上的「月球門戶」來擔任！

美國太空總署正領導著歐洲、俄羅斯、日本和加拿大，執行「**月球門戶**」的開發計畫〔**圖1**〕。月球門戶是國際太空站（ISS）的後繼太空站，它將會被建造在環繞月球的軌道上〔**圖2**〕。其尺寸比ISS小，重量也只有ISS的六分之一，共可容納四人。**由於太空人不會在上頭停留太久，所以它的規模比ISS小很多**。在建造上，人們預計分六次，利用火箭將材料送上太空。

月球門戶的主要用途是供人做科學研究，但也可以當作**載人月面探測任務的中繼站**。另外，人類在2030年展開火星之旅前，也會把這裡當作**訓練據點**，以適應遠離地球的太空生活。

ISS上一直都有太空人留守，而且往往一待就是半年以上，然而，太空人並不會在繞月運行的月球門戶上久留。根據目前的計畫，他們最多只會在那裡住三個月。而沒有人在的時候，就透過電腦和機器人來管理設備、繼續進行實驗並將資料傳回地球。

順帶一提，截至2020年8月，能讓人類在太空中生活的設施，仍只有國際太空站（ISS）而已，不過，中國已計畫在2022年內，發射他們獨立開發的「**天宮空間站**」。

▶ 繞著月球轉的「月球門戶」〔圖1〕

從地球到月球門戶約需五天航程。人們預計將這裡當作登月前的據點，以及回程的中繼站。

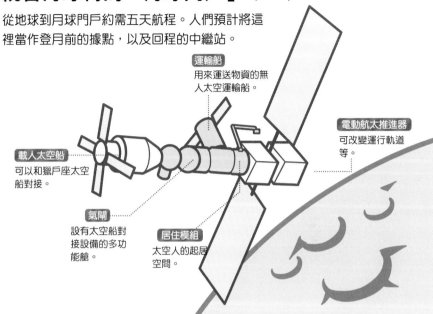

運輸船
用來運送物資的無人太空運輸船。

電動航太推進器
可改變運行軌道等。

載人太空船
可以和獵戶座太空船對接。

氣閘
設有太空船對接設備的多功能艙。

居住模組
太空人的起居空間。

▶ 月球門戶的軌道〔圖2〕

這是一個會通過月球南、北極上空的橢圓形軌道，最接近月面時的距離為4,000km，最遠時為75,000km。繞行一圈約需七天。

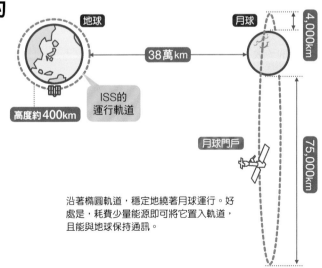

地球

月球

38萬km

4,000km

75,000km

ISS的運行軌道

高度約400km

月球門戶

沿著橢圓軌道，穩定地繞著月球運行。好處是，耗費少量能源即可將它置入軌道，且能與地球保持通訊。

62 天上有哪些人造衛星？

[人造天體]

原來如此！ 天上有各式各樣的人造衛星，可用於**通訊、傳播、天氣預報、測定位置**等

1957年10月，蘇聯（現在的俄羅斯）發射了世界上第一顆人造衛星：**史普尼克1號**。此後，美國、法國、日本、中國、英國、印度等國也紛紛仿傚。截至2020年4月為止，人類已發射了9,300多顆人造衛星，**目前約有5,800顆衛星在地球的軌道上運行**。

究竟有什麼樣的人造衛星在繞著地球轉呢？

在高約36,000km的地方有**通訊衛星**（用於廣播的衛星叫做廣播衛星）。衛星電視就是以它作為中繼站，來將無線電波傳送到人們的家中。由於電波幾乎都來自正上方，所以不會被高山或高樓阻擋，讓我們接收到清晰的影像。

氣象衛星也在高約36,000km的地方。這些衛星從視野良好的地方，觀測大範圍的雲層動態、地表溫度等，讓人們得以進行精準的天氣預報。

汽車上的導航，以及讓人知道自己在哪裡的定位功能，還有手機裡的路線規劃功能，都得利用**定位衛星**，如GPS等。

除此之外，還有用來監測森林、陸地、海洋氣溫的**地球觀測衛星**，和用來觀測外來天體的**科學衛星**，甚至還有用來窺探其他國家的**間諜衛星**等。

▶ 人造衛星的各種用途

人們發射了各式各樣、各種用途的人造衛星，最近連10cm的正方形超小型人造衛星都問世了。

科學衛星

主要用於觀測太陽、天文觀測等科學的研究。

地球觀測衛星

除了用於製作地圖之外，也能用來觀測大規模災害、探索資源等。

定位衛星

用於智慧型手機或汽車的定位系統。

通訊衛星

除了為牽不了線的離島、船隻、飛機等提供通訊功能外，也可發送電視用的訊號。

氣象衛星

用於觀測大範圍（包含山區、海洋）的雲層動態，以及監視大範圍的氣象與颱風動向。

Q 長期住在ISS上的人，身體會怎樣？

變強壯	or	不變	or	衰退

國際太空站（ISS）內是失重（微重力）環境。在那裡，人的體重會變成0。若長期待在那種失重環境裡，人體會有什麼變化呢？身體會變壯，還是會衰退呢？

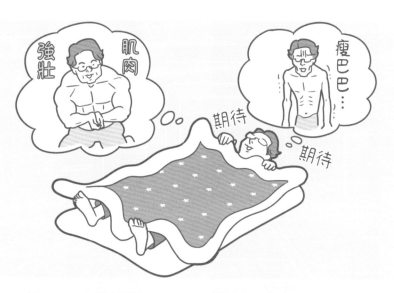

國際太空站上的環境跟地球上差異甚大。而最主要的問題就是**微重力環境對人體的影響**。

60kg的人在地球上走路、跑步時，必須使用全身的肌肉與骨骼來支撐60kg的重量。而站著不動時，光是為了維持姿勢，就會對肌肉與骨骼造成龐大負擔。血液和其他體液也被重力往下拉，因此為了

對抗重力，心臟和血管必須更努力地將血液輸送到全身上下。我們會**下意識地維持血液循環和運動，所以肌肉和骨骼才會維持正常，沒有衰退問題**。

然而，人在ISS上的體重是0，因此，無論是移動或維持身體姿勢時，**肌肉和骨骼都只需花費少量力氣即可完成動作**。沒機會工作的肌肉馬上就會衰退，導致肌肉量降低。而骨骼的負擔消失後，其鈣質也會隨之流失，導致骨骼變得更脆弱。此外，體液也會集中在上半身，導致臉部浮腫、脖子變粗。但經過幾天後，臉部浮腫症狀就會隨著體液減少而消失，只是，體重也會變輕。順帶一提，由於在地球上被壓縮的脊椎與關節都鬆開了，因此身高也會變高。

國際太空站上的太空人**每天都會使用健身器材鍛鍊身體**，以維持肌肉與骨骼的健康。儘管如此，在ISS上住了半年的太空人回到地球後，依舊得靠他人攙扶才有辦法走路。而且，他們還得接受一個月以上的復健。因此正確答案為「衰退」。

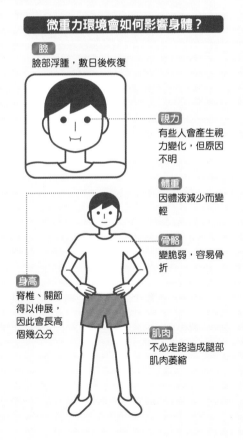

微重力環境會如何影響身體？

臉
臉部浮腫，數日後恢復

視力
有些人會產生視力變化，但原因不明

體重
因體液減少而變輕

骨骼
變脆弱，容易骨折

身高
脊椎、關節得以伸展，因此會長高個幾公分

肌肉
不必走路造成腿部肌肉萎縮

63 人類探索太空最遠到哪裡了？

原來如此！ **載人**探測飛行只到**登陸月球**而已。
無人探測飛行則已**跨越冥王星**！

　　人類於1961年4月12日首度飛上太空。當時，蘇聯（現在的俄羅斯）的**加加林搭乘東方1號太空船，花費1個小時又48分鐘繞行地球一圈**後，成功返回地球。而受到刺激的美國便啟動了「**阿波羅計畫**」，著手將人類送上月球。於是，**兩名太空人在1969年7月20日成功踏上月球**〔**圖1**〕。最後，阿波羅計畫一共完成了六次登月任務，成功讓12名太空人踏上月球表面進行採集岩石等活動。然而自那之後，人類就再也沒登陸過其他天體了。

　　無人探測器去過的行星，就只有**金星**和**火星**而已。1970年12月，蘇聯的金星7號率先著陸金星，並成功將表面溫度、氣壓等數值傳回地球。而第一艘登上火星的探測器，則是蘇聯於1973年發射的火星3號。不過，它一著陸就失去訊號了。相反地，美國在1976年發射的海盜1號、2號則是成功著陸，並將火星的照片傳回地球。

　　美國在其他行星的探索上，也有極大的成就〔**圖2**〕。他們的探測器以逼近飛行的方式，對天體進行攝影或科學計量。目前**已成功觀測到冥王星，以及比冥王星更遙遠的地方**。

人類派探測器去探索太陽系的<u>各個行星</u>

▶ 載人登月任務・阿波羅計畫〔圖1〕

率先登陸月球的人類是：阿波羅11號的指令長尼爾・阿姆斯壯，以及駕駛員伯茲・艾德林。他們也透過電視轉播，向全球展示登月過程。登月艙在「靜海」著陸，兩人在月表停留21個小時又36分鐘，共帶回21kg的月面岩石。

▶ 美國在深空探測上的主要成就〔圖2〕

先鋒10號	NASA於1972年發射的木星探測器。它在1973年，從最接近木星的地方，傳了一些木星和木星的衛星的照片回來。
先鋒11號	NASA於1973年發射的木星、土星探測器。它在1974年飛抵木星附近，並在1979年飛抵土星附近，發現了神祕的土星環。
航海家1號	NASA於1977年發射的探測器，主要用於觀測木星、土星以及它們的衛星。它發現木衛一上有火山。目前正在冥王星軌道外側探索星際空間（恆星間的空間）。
航海家2號	和1號同時期發射的探測器，用於觀測木星、土星、天王星、海王星以及它們的衛星。它也在各行星周圍找到了新的衛星。目前正在冥王星軌道外側探索星際空間（恆星間的空間）。
伽利略號	NASA於1989年發射的木星探測器。它於1995年抵達繞木星軌道後，便持續觀察木星以及其衛星，一直到2003年才退役。
卡西尼號	NASA與ESA（歐洲太空總署）於1997年攜手發射的土星探測器。它找到了土衛二地底藏有液態海洋的證據。
新視野號	NASA於2006年發射的探測器。它於2015年接近冥王星，並拍下清晰的表面照片傳回地球。探測完冥王星後，便繼續對太陽系外緣天體進行調查。

節能航行法！
什麼是霍曼軌道？

原來如此！ 利用此軌道，就能以**最少能源**飛抵行星。
預測**抵達時的行星位置**。

火箭需要大量的動力和大量的燃料來抵抗地球引力。當然，在太空中也需要燃料，但因為很難在途中補充燃料，所以「如何有效率地在太空中移動」正是航太的關鍵。這就是為什麼**「霍曼轉移軌道」如此重要，因為它能讓我們用最少的能量飛抵目標行星。**

舉例來說，就算我們現在朝著火星的方向發射太空船，那麼等到太空船飛到那邊時，火星也已經往前移動了。因此，人們在發射火箭前，會**先計算出最省燃料的航行軌道，並讓太空船抵達時，恰好就在目標行星的位置上**。這樣的軌道就叫做「霍曼轉移軌道」。

利用霍曼軌道的話，則從地球到金星**大約需要150天**〔**圖1**〕，而到火星**大約需要260天**〔**圖2**〕。從火星返回地球時，也會沿著霍曼軌道航行260天。而且，我們還得等待地球和火星移動到完美的相對位置上。因此加上等待時間的話，則往返火星一趟大約需要兩年又八個月的時間。

其實除了仰賴霍曼軌道之外，還要在飛行計畫上下各式各樣的工夫。比方說，2018年發射的火星探測器「洞察號」就成功縮短了飛行日數，只花了**約205天**便抵達火星。

▶ 通往金星的霍曼轉移軌道〔圖1〕

趁金星和地球移動到位置
❶時，發射探測器。待金
星和地球移動到位置❷
時，探測器就抵達金星
了。

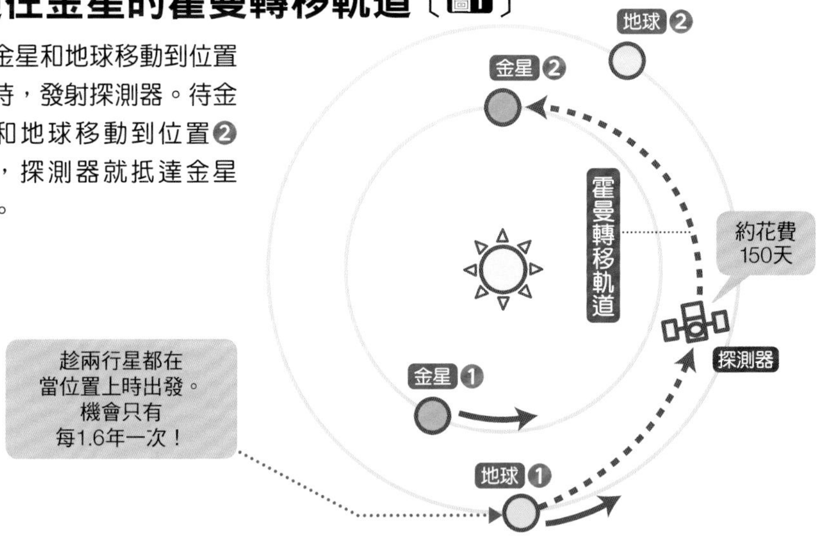

地球 ❷

金星 ❷

霍曼轉移軌道

約花費
150天

探測器

趁兩行星都在
當位置上時出發。
機會只有
每1.6年一次！

金星 ❶

地球 ❶

▶ 通往火星的霍曼轉移軌道〔圖2〕

趁火星和地球來到位置❶
時，發射太空船。待火星
和地球移動到位置❷時，
太空船就抵達火星了。

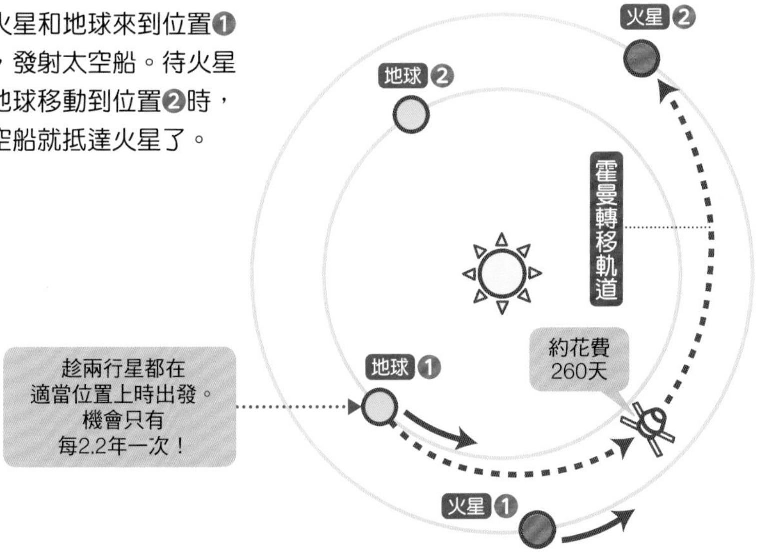

火星 ❷

地球 ❷

霍曼轉移軌道

約花費
260天

趁兩行星都在
適當位置上時出發。
機會只有
每2.2年一次！

地球 ❶

火星 ❶

65 火星探測都在做什麼？

原來如此！ 探測器在火星上**調查火星地表**，
並尋找水存在的證據與**生命的痕跡**！

　　即使在火星最接近地球時，其距離也有月球距離的150倍左右。因此，就連送一架探測器上火星也絕非易事。截至2020年8月為止，曾成功讓探測器著陸火星，或進入環繞火星軌道的，就只有**美國**、**蘇聯（現在的俄羅斯）**、**ESA（歐洲太空總署）**和**印度**而已。而當中又以美國取得的成果最佳。

　　1971年11月，**水手9號**成為世界上第一架進入環繞火星軌道的探測器，並成功拍攝到火星表面。同年12月，蘇聯的**火星3號**探測器率先著陸火星，但著陸後隨即故障。1975年11月，**海盜1號**著陸火星表面，並成功將火星的照片傳回地球。

　　1996年發射的**火星全球探勘者號**繪製了火星的地圖。接著，**火星拓荒者號**將火星車（探測車）送上火星地表，找到了上古時代有水的證據。

　　2003年，**火星探測漫遊者**發現了火星表面曾有大量液態水的證據。這也大幅提升火星上存有生命的可能性。之後，2011年發射的**火星科學實驗室**探測車，終於在火星上找到有機體（可孕育出生命的物質）。

　　此外，往後也有帶回岩石等樣本的計畫。

▶ 主要的火星探測計畫

NASA進行火星探測的目標有：「尋找液態水」、「調查火星環境是否適合居住」和「尋找生命痕跡」。

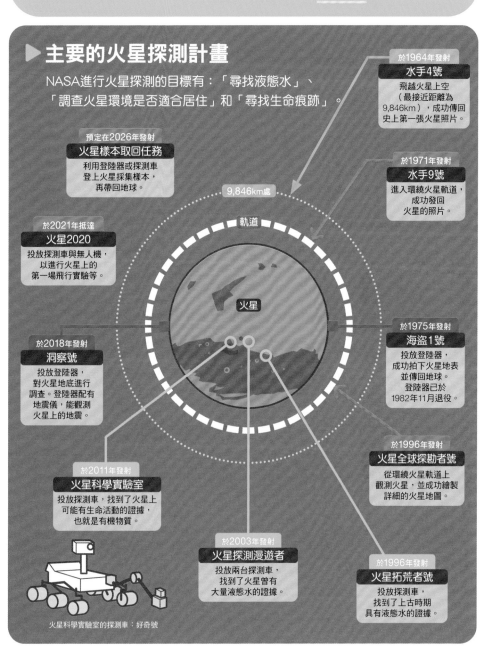

於1964年發射
水手4號
飛越火星上空（最接近距離為9,846km），成功傳回史上第一張火星照片。

於1971年發射
水手9號
進入環繞火星軌道，成功發回火星的照片。

預定在2026年發射
火星樣本取回任務
利用登陸器或探測車登上火星採集樣本，再帶回地球。

9,846km處

軌道

火星

於2021年抵達
火星2020
投放探測車與無人機，以進行火星上的第一場飛行實驗等。

於2018年發射
洞察號
投放登陸器，對火星地底進行調查。登陸器配有地震儀，能觀測火星上的地震。

於1975年發射
海盜1號
投放登陸器，成功拍下火星地表並傳回地球。登陸器已於1982年11月退役。

於1996年發射
火星全球探勘者號
從環繞火星軌道上觀測火星，並成功繪製詳細的火星地圖。

於2011年發射
火星科學實驗室
投放探測車，找到了火星上可能有生命活動的證據，也就是有機物質。

於2003年發射
火星探測漫遊者
投放兩台探測車，找到了火星曾有大量液態水的證據。

於1996年發射
火星拓荒者號
投放探測車，找到了上古時期具有液態水的證據。

火星科學實驗室的探測車：好奇號

今後還有探測其他行星的計畫嗎？

原來如此！ 預計在2035年前執行**載人火星探測任務**。
另外也有**木衛二**的無人探測任務！

　　自1972年阿波羅17號登月以來，人類就沒有再對其他天體執行過載人探測任務。雖然「上太空的成本過高」也是原因之一，但主要還是因為「太空中沒有大氣層可形成防護，極有可能危害人體健康」的關係。

　　不過，**美國**正在努力克服這項難題，**計畫著重啟載人探測任務**。執行方式為，先搭乘可載人的新型飛行器「**獵戶座太空船**」〔**圖1**〕前往月球，再從那裡出發前往火星。除此之外，似乎也有不經過月球，直接飛往火星的計畫。根據NASA在2019公布的消息，美國預計在2035年之前開始執行載人探測任務。

　　另一項值得注意的，大概就是NASA的**「木衛二快船」無人探測計畫**吧。人們認為，在木星的衛星「木衛二」的地表冰層底下，可能有充滿了液態水的海洋。因此NASA計畫讓探測器一面繞著木衛二運行，一面接近至距離地表25km的高度，以便調查那裡是否有生物存在。

　　日本也有**火星衛星探測計畫（MMX）**，目標在2024年左右發射探測器〔**圖2**〕。任務內容為觀測火衛一、火衛二，然後從其中一顆衛星上採集樣本，並帶回地球。

▶ 獵戶座太空船載人任務〔圖1〕

底部直徑為5m，可供4～6名組員在艙內生活。

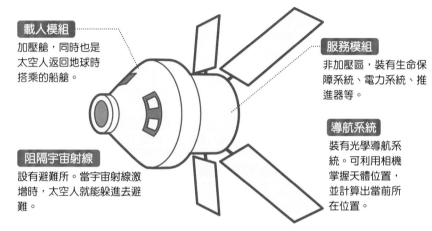

載人模組
加壓艙，同時也是太空人返回地球時搭乘的船艙。

服務模組
非加壓區，裝有生命保障系統、電力系統、推進器等。

導航系統
裝有光學導航系統。可利用相機掌握天體位置，並計算出當前所在位置。

阻隔宇宙射線
設有避難所。當宇宙射線激增時，太空人就能躲進去避難。

▶ MMX的探測器〔圖2〕

MMX（Martian Moons eXploration）計畫讓探測車、探測器登陸火星的衛星，並採集表層的砂子等。

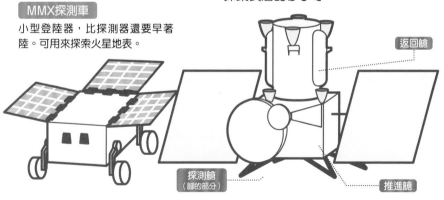

MMX探測車
小型登陸器，比探測器還要早著陸。可用來探索火星地表。

返回艙

探測艙（腳的部分）

推進艙

MMX探測器
由三個模組構成，即推進艙、探測艙和返回艙。由返回艙將採集到的樣本帶回地球。

若有小行星朝著地球飛來，人類有辦法保護地球嗎？

原來如此！ 為了**改變大型隕石的軌道**，
人類正在研究**利用大型火箭撞擊隕石**的方法！

在距今約6,600萬年前的白堊紀末期，發生了大規模的生物滅絕事件。全球約70％的物種，包含恐龍在內，都在這個時期滅絕了。據推測，這次的大滅絕是由一顆直徑約10～15km的小行星（隕石）撞擊所致。人們認為，**這種規模的隕石撞擊事件，大約是一億年才發生一次**，然而，即使是小隕石產生的震波，也能對都市造成巨大損害（➡P102）。因此，人們已著手研究如何避免小行星撞擊地球。

NASA指出，在不遠的將來，恐怕會有一顆叫做「**貝努**」的**小行星**撞上地球。貝努的**直徑約為492m**，它有**2,700分之1的機率在2135年撞上地球**。機率雖低，但如果撞上的話，就會帶來**12億噸的衝擊力**。因此，美國的勞倫斯利佛摩國家實驗室和其他研究小組，已擬出一套改變小行星軌道以避免碰撞的方法。

這個方法就是：利用大型火箭發射幾十台**重達8.8噸**、名為「HAMMER」的太空飛行器，用合計數百噸的重量去撞擊貝努，也就是**在不至於粉碎小行星的範圍內對小行星施力，使它改變運行軌道，以免撞上地球**。以貝努大小的小行星來說，若距離撞擊地球還有25年，則需要發射7～11台HAMMER；若距離撞擊只剩10年，則需34～53台HAMMER才有辦法改變它的軌道。

只要還有<u>10年</u>，就能阻止碰撞發生

▶讓小行星貝努轉向的方法

貝努是一顆直徑約492m的小行星，它的運行軌道就在地球附近。假如它快要撞上地球，人們就會發射多架重達8.8噸的飛行器去撞擊它，以改變它的運行軌道，如此一來就能避免碰撞。

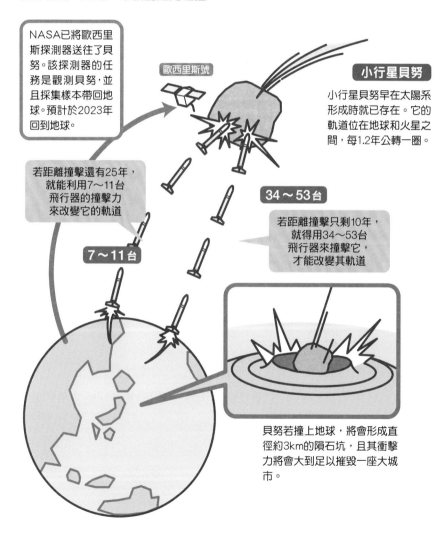

NASA已將歐西里斯探測器送往了貝努。該探測器的任務是觀測貝努，並且採集樣本帶回地球。預計於2023年回到地球。

歐西里斯號

小行星貝努

小行星貝努早在太陽系形成時就已存在。它的軌道位在地球和火星之間，每1.2年公轉一圈。

若距離撞擊還有25年，就能利用7～11台飛行器的撞擊力來改變它的軌道

34～53台

若距離撞擊只剩10年，就得用34～53台飛行器來撞擊它，才能改變其軌道

7～11台

貝努若撞上地球，將會形成直徑約3km的隕石坑，且其衝擊力將會大到足以摧毀一座大城市。

日本的明日之星
「隼鳥計畫」是什麼？

原來如此！ 世界上第一個「從小行星上帶回樣本」的計畫。它的後繼機也在活躍中！

讓我們來看看小行星探測器「隼鳥號」的成就和它的未來計畫吧。

2003年5月發射的第一代「**隼鳥號**」，於2005年11月**成功著陸在小行星「絲川」**上，採集到絲川表面的樣本（細沙狀微粒子）。隨後，便踏上返回地球的旅程，並於2010年6月進入地球大氣層。其本體在大氣層中燒毀，而裝有樣本的回收艙則降落在陸地上，順利被找回。隼鳥號在這個長達7年的任務中，成功成為**世界首架「從月球之外的天體上帶回樣本」**的探測器。

隼鳥號的後繼機「**隼鳥2號**」於2014年12月發射，並於2018年6月抵達**小行星「龍宮」**。人們認為龍宮含有水和有機物質，因此這項計畫的一大目標就是帶回樣本，**為地球上的水、生命和有機物的起源提供線索**。

隼鳥2號成功地完成了任務，並在2019年11月，帶著它收集到的樣本離開了龍宮。隼鳥2號於2020年12月回到地球附近，但它的本體沒有進入大氣層，只有裝著樣本的容器被投放到地表。本體則是展開下一段為期11年的航程，飛向另一顆小行星。

隼鳥計畫探訪過的小行星

隼鳥1號以及隼鳥2號都是專為「取回小行星表面物質樣本」而打造的探測器。

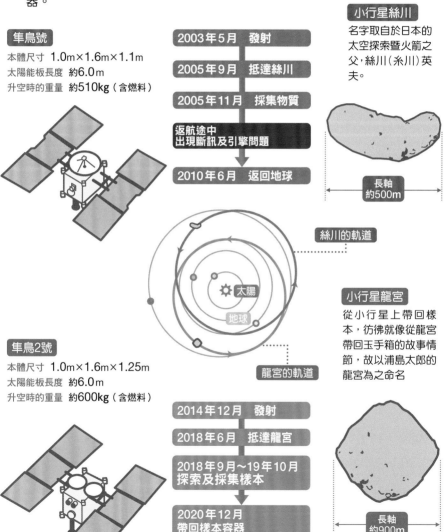

隼鳥號

本體尺寸　1.0m×1.6m×1.1m
太陽能板長度　約6.0m
升空時的重量　約510kg（含燃料）

2003年5月　發射

2005年9月　抵達絲川

2005年11月　採集物質

返航途中
出現斷訊及引擎問題

2010年6月　返回地球

絲川的軌道

太陽

地球

龍宮的軌道

隼鳥2號

本體尺寸　1.0m×1.6m×1.25m
太陽能板長度　約6.0m
升空時的重量　約600kg（含燃料）

2014年12月　發射

2018年6月　抵達龍宮

2018年9月～19年10月
探索及採集樣本

2020年12月
帶回樣本容器

小行星絲川

名字取自於日本的太空探索暨火箭之父，絲川（糸川）英夫。

長軸
約500m

小行星龍宮

從小行星上帶回樣本，彷彿就像從龍宮帶回玉手箱的故事情節，故以浦島太郎的龍宮為之命名

長軸
約900m

與太空有關的技術與最新研究　第3章

以望遠鏡發現宇宙膨脹
愛德溫·哈伯
（1889－1953）

　　愛德溫·哈伯是美國的天文學家，他利用威爾遜山天文台的100英吋反射望遠鏡觀察了大量天體，並發現可證明宇宙正在膨脹的「哈伯－勒梅特定律」。這個發現變成了現代天文理論的基礎，同時，它也成為解釋宇宙如何誕生的關鍵。

　　哈伯曾在大學學習物理學、天文學和法律，並於畢業後成為律師，但在第一次世界大戰中服役後，他重拾天文學，並在威爾遜山天文台找到一份工作。此後，他就將自己的一生獻給了天文學。

　　在20世紀初，人們尚認為銀河系是宇宙中唯一的星系。哈伯使用當時世界上最大的100英吋反射望遠鏡，觀察並測量「仙女座星雲」與地球的距離。當時，人們認為仙女座星雲位於銀河系內，但哈伯發現，它其實位在比銀河系大小還要大的距離外，因此導出了「銀河系外還有個仙女座星系」的結論。

　　後來，哈伯又觀測了好幾個星系的距離與退行速度（紅移），並在觀測過程中注意到兩者的關係成正比。於是，他由此導出「哈伯－勒梅特定律」，即距離地球愈遠的星系退行愈快。

　　愛因斯坦聽到哈伯的觀測結果（宇宙正在膨脹）後，也改變了自己的「宇宙是靜止的，不會膨脹」看法。

第4章

讓人忍不住想聊的
宇宙大小事

從相對論、宇宙膨脹論等困難的研究，
到天體命名方式、太空旅行等夢幻的話題，
都是時有所聞，卻又不太明白的事物……。
本章將帶領大家認識這些宇宙的大小事。

宇宙的運作方式與愛因斯坦①

愛因斯坦用**相對論**預測出
黑洞與**重力波**的存在！

說到宇宙，就少不了愛因斯坦的相對論。

首先，**狹義相對論**是一種描述物體在接近光速時如何運動的理論。在該理論問世前，人們都相信「絕對時間」是存在的，也就是「無論誰來測量，時間的流動方式都是不變的」。但愛因斯坦的理論顯示，時間會根據觀察者的不同而變長或縮短〔**圖1**〕。後來又由此衍生出「**光速不變**」和「**質能等價**（E＝mc^2）」等定律。

之後發表的**廣義相對論**，則說明了狹義相對論無法解釋的加速度運動和萬有引力（重力）。有重量的物體會使它周遭的時空產生扭曲，而扭曲就會影響到周遭物體的運動方式。處在扭曲時空中的物體無法靜止不動，只能沿著扭曲的時空移動。而這也解釋了**物體之間為何會有萬有引力（重力）**〔**圖2**〕。

時空扭曲和物體的關係，則可透過愛因斯坦重力場方程式來表記。後來，愛因斯坦又經由這個方程式，預言了連光都無法逃脫的**黑洞**之存在，並推測重力就像光一樣，都是以波的形式在傳播的，即**重力波**（➡P190）。

狹義相對論和廣義相對論

▶ 狹義相對論解釋了什麼？〔圖1〕

光速不變原理

無論是何物、無論它正在進行什麼運動，都會觀測到一樣的光速。且沒有一個運動能超越光速。

沒辦法加速到超越光速

時間流動的變化

時間在高速移動的空間內流動較慢，因此地球上的人與太空船上的人，會過著不一樣的時間。

對地球上的人來說，以90%光速飛行的太空船，必須花11年才能抵達A星

10光年　A星

90%光速太空船內呈現靜止狀態，所以時間會慢慢流動，因此對太空船上的人來說，不消11年就能抵達A星。

▶ 廣義相對論解釋了什麼？〔圖2〕

物體造成時空扭曲

有質量的物體會扭曲周圍的時空。此特性也說明了物體的萬有引力是如何運作的。

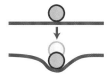

將重物放在橡膠膜般的時空中，就會造成時空扭曲。

放置兩個物體的話，兩者就會順著時空扭曲的形狀，往彼此靠攏。

重力使時間流速產生變化

有重力作用的地方，時間流動較慢。地球上的時鐘轉得比太空中的還要快。

高處＝時鐘指針轉得快

低處＝時鐘指針轉得慢

讓人忍不住想聊的宇宙大小事　第4章

宇宙的運作方式
與愛因斯坦②

藉由觀測**重力波**來了解
初期的宇宙如何運作！

　　愛因斯坦除了發表相對論之外，也預測了重力就跟光一樣，是以波的形式在傳播的（➡P188）。

　　當一個具有重量的物體扭曲了它周圍的時空，同時又在運動的話，時空的扭曲就會像水面上的漣漪那樣，以光速向周圍傳播出去。這就是所謂的**重力波**〔**圖1**〕。

　　當一個具有重力（引力）的物體在運動時，就會產生重力波。好比人也會產生重力波。只是，這種程度的重力波無法被觀測，因為實在太微弱了。於是，科學家有了「若是大型物體運動的話，或許就會產生觀測得到的重力波」的想法後，便開始尋找超新星爆炸、中子星合併等天文現象。

　　2015年，美國的兩台**重力波望遠鏡**〔**圖2**〕**首度觀測到黑洞合併時發出的重力波**。這兩個黑洞發出的重力波，共花了13億年才傳到地球，使重力波望遠鏡的雷射周遭的空間產生伸縮變化。

　　日後若能繼續對重力波深入研究，就能更加了解復合（➡P63）前的宇宙。換句話說，它將為我們提供**宇宙初期模樣的線索**。以上就是「愛因斯坦的研究」和「宇宙的運行方式」之間的密切關聯性。

重力波如波浪般地扭曲空間、向外傳播

▶ 何謂重力波？〔圖1〕

有重量的物體在運動時，周圍的空間就會產生波浪般（實際上是球形）的重力波，並向外擴散。

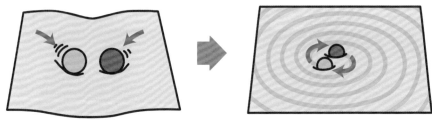

有重量的物體被放在橡膠膜般的時空中，就會互相接近並互相牽制（➡ P189）。

有重量的物體運動時，周圍空間的扭曲，就會像波浪一樣擴散開來，形成所謂的重力波。

▶ 重力波望遠鏡的結構〔圖2〕

重力波會使空間產生伸縮變化，而光具有沿著扭曲空間前進的特性，因此只要利用這一點，就能偵測到重力波。

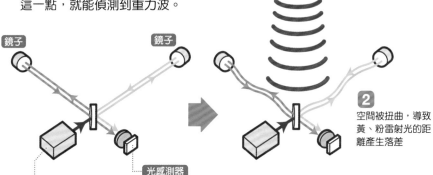

1 重力波抵達時……

2 空間被扭曲，導致黃、粉雷射光的距離產生落差

鏡子　　　　鏡子

光感測器

雷射振盪器

同樣的光從兩個正交方向發出，被鏡子反射回來。只要有返回時的到達時間，就能測量出兩者之間的距離。

重力波扭曲了空間，使正交的兩道光產生反覆性的變化。每當一邊被拉長時，另一邊就會縮短。而我們就可以藉由觀察有無伸縮變化，來偵測重力波。

有辦法利用宇宙的

蟲洞模擬圖 〔圖1〕

蟲洞是連接宇宙某兩點的隧道。它或許可以成為兩個遙遠時空的捷徑。

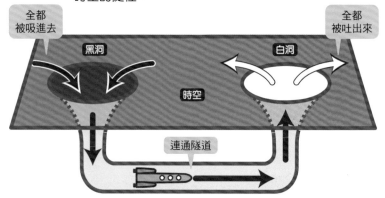

全都被吸進去
黑洞
全都被吐出來
白洞
時空
連通隧道

愛因斯坦在其相對論中預測了黑洞的存在。由於物理定律具有某種對稱性，因此人們推測，既然有**吸入光線和所有物質的黑洞**，那麼應該也有**吐出所有物質的天體——白洞**。

被黑洞吸進去的物質，究竟都到哪去了？為解決此問題，人們想出了「**蟲洞**」的概念，也就是一條連通黑洞、白洞的隧道〔**圖1**〕。在此概念中，蟲洞是一條單行道，物質進去之後就無法返回原本的世界。

於是，美國物理學家基普·索恩便對「**可互通的蟲洞**」下了定義。他認為，如果負能量物質存在，那麼「可互通的蟲洞」就可以存在於數學上，而且，只要移動蟲洞的洞，就能用它**穿越時空**，回到過去。

首先，人們必須製造出具有A、B兩個洞口的蟲洞，並擴大它的洞口，使之維持在可通行的狀態。接著就是高速移動B洞。狹義相對

力量回到過去嗎？

蟲洞如何成為時光機 〔 圖2 〕

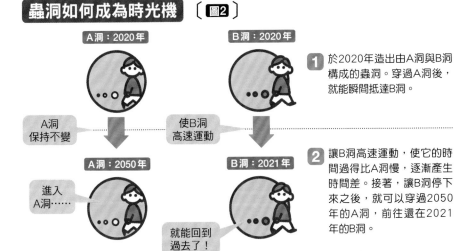

1 於2020年造出由A洞與B洞構成的蟲洞。穿過A洞後，就能瞬間抵達B洞。

2 讓B洞高速運動，使它的時間過得比A洞慢，逐漸產生時間差。接著，讓B洞停下來之後，就可以穿過2050年的A洞，前往還在2021年的B洞。

論指出：「**高速移動的東西，時間過得較慢**」，因此，兩洞口之間會逐漸產生時間差。最後讓B洞恢復到正常狀態後，人們就可以進入A洞，**回到過去（對A洞的時間來說是過去）**了〔 圖2 〕。

可惜，目前的我們並沒有製造、維護蟲洞的技術，也不曾觀測到任何疑似是白洞的天體。就連黑洞到底會不會變成蟲洞也不得而知。

順帶一提，也有人利用廣義相對論的「重力愈大，時間愈慢」現象來建立時光機理論。例如：用光速繞著一個質量極大、叫做「宇宙弦」的未知物體運行。總之，時光旅行的主意總是層出不窮。

讓人忍不住想聊的宇宙大小事 第**4**章

「宇宙正在膨脹」是什麼意思？

原來如此！ 暗能量使宇宙持續加速膨脹！

宇宙仍在擴張。換言之，它正在不斷膨脹，但它究竟是怎麼膨脹的呢？

在過去，人們認為宇宙膨脹屬於**減速膨脹**，也就是膨脹速度會隨著時間的推移而趨緩。然而，三位天文物理學家：珀爾穆特、施密特和黎斯推翻了此一常識。據悉，宇宙**一度以減速度膨脹**，但後來，它開始**以加速度膨脹，這代表，膨脹速度隨著時間的推移而增加**〔**圖1**〕。而「從減速膨脹變成加速膨脹」的這件事，大約是在宇宙誕生102億年後發生的〔**圖2**〕。

為何宇宙會加速膨脹呢？為了解釋這一事實，有人假設：**有一種未知的力量導致宇宙膨脹**。他們認為，宇宙中充滿了「**暗能量**」，也就是一種性質有別於普通物質（好比原子）的能量。

雖然我們還不清楚暗能量究竟是什麼，但各種觀測結果都證明它是存在的。暗能量**不會隨著宇宙膨脹、空間擴張而變得稀薄**，因此人們認為，就是這種奇異的特性導致了宇宙加速膨脹。而且人們推測，暗能量占全宇宙能量的69％。

宇宙正在加速膨脹

▶ 何謂宇宙加速膨脹？〔圖1〕

若膨脹速度隨著時間推移而減慢，則稱作減速膨脹。反之，若膨脹速度隨著時間推移而加快，則稱作加速膨脹。

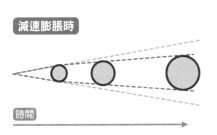

減速膨脹時

宇宙的膨脹速度隨著時間的推移而下降。

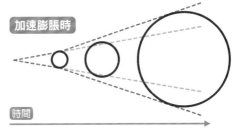

加速膨脹時

宇宙的膨脹速度隨著時間的推移而上升。

▶ 宇宙從減速膨脹變成加速膨脹〔圖2〕

人們認為，宇宙在102億歲時，開始轉變成加速膨脹。

宇宙的大小

減速膨脹

加速膨脹

暗能量造成
宇宙加速膨脹

時間

宇宙誕生

宇宙誕生
102億年後

現在

讓人忍不住想聊的宇宙大小事 第**4**章

72 注意到宇宙正在膨脹的人是誰？

[宇宙學]

原來如此！ 天文學家**勒梅特等人**在調查**星系的光波長**時發現了此現象！

在20世紀初之前，人們一直認為宇宙沒有開始，也沒有結束，且形狀和大小也會永恆不變。

1910年代起，愛德溫・哈伯等天文學家展開了一連串的星系觀測，結果在調查星系傳來的光線色調時，發現**愈遙遠的星系會以愈快的速度遠離地球**。

救護車駛離時的鳴笛聲，聽起來會比停在附近的救護車的鳴笛聲來得低。這是因為，聲音的波長會隨著它遠離而變長。這種現象就叫做「**都卜勒效應**」。事實上，光波也具有這種特性。**若星系正在遠離我們，那它發出的光的波長就會變長，使顏色變紅**（此現象稱為**紅移**）。於是科學家們由此發現，愈遠的星系，正以愈快的速度遠離我們〔**右圖**〕。

這個發現告訴我們，宇宙正在持續膨脹，而非永恆不變。此外，人們也經由往回追溯，而**建立起大爆炸理論**的「宇宙曾集中在一個點上」概念。據悉，喬治・勒梅特是第一個從觀測資料中推導出宇宙膨脹的人。

▶ 波長與都卜勒效應

聲音是透過空氣的震波來傳播，因此，正在遠離我們的物體，會傳來波長較長的聲波。光也一樣。正在遠離的物體，會傳來波長較長的光波。

關於可見光 在人眼可以感受到的光線當中，以紅光的波長最長。各色波長由長至短依序是：紅、橙、黃、綠、青、藍、紫。

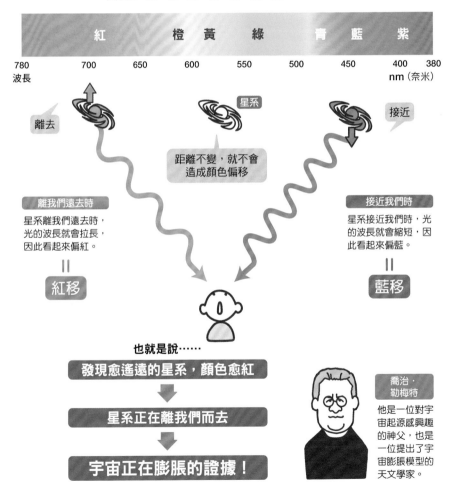

| 紅 | 橙 黃 綠 | 青 藍 紫 |

780 700 650 600 550 500 450 400 380
波長 nm（奈米）

離去

星系

接近

距離不變，就不會造成顏色偏移

離我們遠去時
星系離我們遠去時，光的波長就會拉長，因此看起來偏紅。
＝
紅移

接近我們時
星系接近我們時，光的波長就會縮短，因此看起來偏藍。
＝
藍移

也就是說……

發現愈遙遠的星系，顏色愈紅
↓
星系正在離我們而去
↓
宇宙正在膨脹的證據！

喬治·勒梅特

他是一位對宇宙起源感興趣的神父，也是一位提出了宇宙膨脹模型的天文學家。

73 宇宙的密度是均勻的嗎？

[宇宙學]

原來如此！ 宇宙就像**很多泡泡**聚集在一起那樣，有明確的**高密度區**與**低密度區**！

　　宇宙大得難以想像。雖然宇宙是如此之大，但我們大致知道它是什麼構造了。宇宙的**某些地方有星系，某些則沒有，其位置分布就如同「許多泡泡黏在一起」那樣複雜**。看起來像氣泡的部分，叫做「**空洞**」。氣泡周圍，看起來像線的部分則是「**纖維狀結構**」。而這樣的構造就叫做「**大尺度結構**」〔**右圖**〕。

　　那麼，這樣的構造又是如何形成的呢？

　　宇宙誕生約37萬年後，便進入復合時代，而在那之後，宇宙中所有物質的密度幾乎都一樣，但還是有0.1％左右的**疏密落差**。於是，高密度區的引力就會慢慢地把周遭物質吸引過去，使得低密度區的密度愈來愈低。**久而久之，兩者之間的密度差距變得愈來愈大，最後便形成了泡沫狀結構**。

　　宇宙中充滿了一種叫做「**暗物質**」的未知物質。當一個區域內含有較多的暗物質，那麼該區域的重力就會比其他區域來得大，因此也比較容易形成恆星。恆星一多，便形成星系，而星系一多，便形成星系團……最後就變成現在這種網狀結構了。

暗物質使銀河們聚在一起

▶ 何謂大尺度結構？

宇宙具有泡沫般的複雜網狀結構。

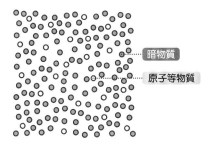

暗物質
原子等物質

1 宇宙誕生時，整個宇宙的密度都很均勻。

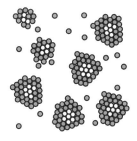

2 久而久之，宇宙就在暗物質的重力影響下，出現密度不均的情形。

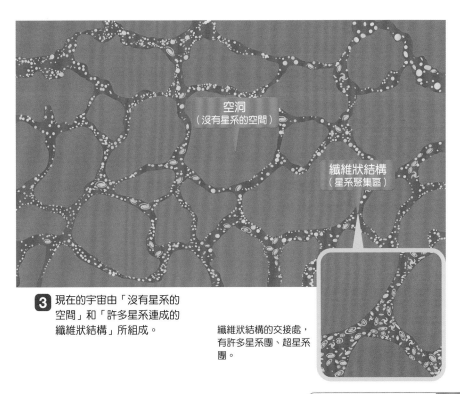

空洞
（沒有星系的空間）

纖維狀結構
（星系聚集區）

3 現在的宇宙由「沒有星系的空間」和「許多星系連成的纖維狀結構」所組成。

纖維狀結構的交接處，有許多星系團、超星系團。

Q 地球是以多快的速度在宇宙中移動呢？

秒速30km　or　秒速230km　or　秒速600km

地球會自轉，因此，就算我們在地球上站著不動，從太空中看起來，還是跟高速移動沒兩樣。更何況地球還會繞著太陽公轉。那麼，地球在太空中的移動速度究竟有多快呢？

照理說，地球轉得這麼快，我們應該會有感覺才對。但是，為什麼我們感受不到它的自轉速度呢？在搞懂地球的速度之前，先來解決這個疑問吧。

之所以沒感覺是因為，**地球幾乎是等速自轉，而我們周圍的所有物體，也都是以相同的速度在運動**。除非地球突然停止，否則我們的

生活根本不會受到地球運動影響〔**下圖**〕。順帶一提，地球的自轉速度視緯度而定，日本附近的轉速大約是每秒370m，比音速還快。

地球除了自轉之外，還會繞著太陽公轉。**公轉的速度約為每秒30km**。

太陽和地球所在的太陽系，也會繞著銀河系中心公轉。其速度約為**每秒230km**。太陽系繞銀河系一圈，大約需要兩億年。

而且，就連太陽系所在的銀河系也被某個天體的引力拉著，且移動速度高達**每秒600km**！目前最有力的說法是，銀河系正被一億五

為何無法察覺地球自轉？ 因為有「慣性力」作用在人和地球上，所以人們無法感受到地球的運動。

1 乘客和電車都用相同的速度在移動，但乘客感受不到速度。

何謂慣性？

一種會維持運動力的性質。若沒有外力加在物體上，物體就會保持不動或一直動下去。

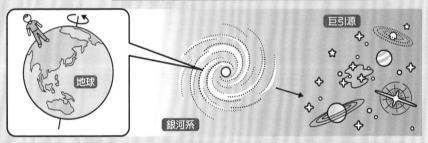

地球

巨引源

銀河系

2 和**1**一樣，所有天體都有慣性，因此，只要沒有外力，人就不會察覺到天體的運動。

千萬光年外的高密度區域「巨引源」吸引著。換言之，地球正以每秒約600km的速度在宇宙中移動（被拉著跑）。這個速度有多快呢？若我們以這個速度飛向38萬公里外的月球，那大概10分鐘後就到了。

74
[人造天體]

宇宙也跟地球一樣，有「垃圾問題」嗎？

原來如此！ 太空垃圾的數量已超過一億個！
即使是**小碎片也能產生強大的破壞力**！

地球上有嚴重的「垃圾問題」。其實，就連太空中也有嚴重的垃圾問題。一些已退役的人造衛星、火箭，還有它們脫落的零件、塗層碎片等，都散落在地球周圍的太空中。這些東西就是所謂的**太空垃圾（space debris）**。JAXA指出，10cm以上的垃圾約有兩萬個，1cm以上的垃圾約有50～70萬個，而1mm以上的垃圾則高達一億多個。〔**圖1**〕人造衛星和垃圾都在低軌道上，以**每秒約8km**（時速28,000km）的高速繞著地球轉，因此，**若兩者發生碰撞，即使是小碎片也能產生巨大破壞力**。這很有可能會造成重大事故。

目前，各國都在用地面雷達和望遠鏡來監視這些垃圾。當人們發現人造衛星或太空站可能會撞上這些受監視的垃圾時，就會調整軌道以避免碰撞。另外，人們還得在太空站本體上加裝**緩衝保護層**，或是用**防護罩**將人造衛星的重要部分罩起來，才能抵擋那些地球上看不到的細小碎片。

現在，各國都在開發**捕捉垃圾用的衛星**。預計在2025年，人們就會開始測試裝有機械手臂的衛星，讓它捕捉垃圾，然後把垃圾帶進大氣層中燒毀〔**圖2**〕。

正在研發捕捉太空垃圾專用的人造衛星

▶地球被太空垃圾包圍〔圖1〕

從地球上只能找到10cm以上的大型垃圾。據估計，1mm以上的微型垃圾約有一億多個。

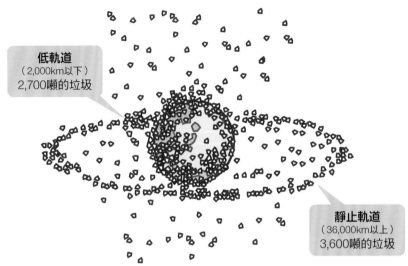

低軌道
（2,000km以下）
2,700噸的垃圾

靜止軌道
（36,000km以上）
3,600噸的垃圾

▶捕捉太空垃圾實驗 〔圖2〕

歐洲太空總署（ESA）預定於2025年執行「ClearSpace-1」任務。任務內容為捕捉目標垃圾，然後帶著垃圾進入大氣層中，連同衛星一起燒掉。

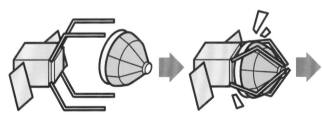

1 追蹤那些在高720km處高速運行的垃圾，並加以捕捉。

2 利用四隻機械手臂捕捉垃圾。

3 帶著蒐集到的垃圾進入大氣層，一同燒毀。

星星的名字是怎麼決定的？

原來如此！ 星星的命名**由IAU統一管理**。
有些天體也可以**由發現者命名**！

在夜空中閃耀的星星都有名字，如織女一、織女星、艾桑彗星等。這些名字究竟是誰取的？

現在，星星的名字都是由**IAU（國際天文學聯合會）**來命名、管理的。有了標準名稱後，世界各地的人就知道自己在觀測、研究哪些星星了。

人類從西元前就開始替閃亮的星星們取**固有名稱**，好比織女星、天狼星等。IAU除了**沿用自古流傳下來的固有名稱**，還替大部分的恆星取了**英文字母與數字組合而成的名稱**，如HR7001等〔**圖1**〕。每當透過克卜勒太空望遠鏡等途徑發現新的恆星或行星時，都會替它們取一個有規則性的英文＋數字名稱，例如HD145457（恆星名）和HD145457b（繞著那顆恆星公轉的行星）。此外，IAU也會公開募集名字。

而發現恆星之外的天體時，又會有一套不同的命名規則〔**圖2**〕。**彗星以發現者的名字來命名**。假如是多人獨力發現的，就以最先發現的三人為準（依發現順序）。例如海爾-博普彗星的名字，即取自它的兩位發現者——海爾和博普。

新的**小行星**則要等到軌道被確認後，**其發現者才有權提出名稱**，但要符合一些條件。

恆星不只有一個名字！

▶ 恆星名稱種類〔**圖1**〕讓我們以Vega為例，看看各種名稱的差異。

名稱例	名稱種類	名稱特徵
Vega（織女一）	**固有名稱**	這是一個古老而傳統的名字，源自阿拉伯語等語系，意為「掉落的鷹」。
天琴座 α	**拜耳名稱**	用希臘字母依明亮度順序為星座及恆星命名。希臘字母不夠用時，就用英文字母。
3 Lyr	**佛氏星數**	連同星座由西向東依序編號的命名法。用於英國看得見的52個星座內的星星。
HIP 91262	**星表序號（HIP序號）**	天體目錄「依巴谷星表」為星星們標示的識別序號。
HD 172167	**星表序號（HD序號）**	天體目錄「HD星表」為星星們標示的識別序號。
織女星	**日本名**	日本的傳統名稱。對日本人來說，Vega是七夕傳說中的織女。

▶ 彗星與小行星的命名〔**圖2**〕

彗星命名

以發現者（個人或團體等）的名字來命名。

池谷-關彗星　艾桑彗星

因為是池谷和關發現的　發現者所屬的組織的簡稱

小行星命名

小行星的發現者所提出的名稱，必須符合幾個條件。

❶盡量簡短
❷控制在4~16個字母內
❸不可使用令人不舒服的名稱……等

讓人忍不住想聊的宇宙大小事 第**4**章

北極星絕對在北方嗎？都不會動嗎？

北極星本來就不在「正北方」，
而且還會隨著時代而改變！

　　人們常說，北極星永遠都在正北方，為我們指引方向。由於北極星位在地軸的延長線上（**天球的北極**），所以看起來就像一直停在北方。在我們的眼中，天上所有星星都是繞著北極星轉，但實際上，它們會這樣動都是因為地球自轉的關係。

　　那麼，北極星將來也會繼續留在正北方嗎？

　　第一，現在的北極星稍微偏離了天球的北極，所以嚴格來說，它**並不在正北方**。只要仔細觀察，就會發現它正在進行小小的圓周運動。第二，地球的地軸受到**進動運動（歲差運動）**的影響，**正以26,000年轉一圈的周期不斷轉向中**〔**圖1**〕。

　　現在的北極星是**小熊座 α**（Polaris），但2,000～3,000年前的北極星是**小熊座 β**（Kochab），5,000年前的北極星則是**天龍座 α**（Thuban）。也就是說，在每個時代中，**距離天球北極最近的恆星都會變成「北極星」**〔**圖2**〕。

　　往後，天球北極也將會繼續移動。到了8,000年之後，**天津四**（Deneb）就會變成北極星，而12,000年後，就換**織女一**（Vega）當北極星。

12,000年後，<u>織女星</u>就會變成北極星

▶ 進動運動使地軸不斷改變方向 〔圖1〕

北極星位在地軸北極端的延長線上。由於進動運動造成地軸持續轉向，所以北極朝向的方位會隨著時間而改變。

進動運動

旋轉的陀螺傾斜時，它的轉軸就會跟著傾斜，使上面的部分產生圓周運動（進動運動）。

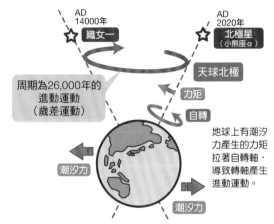

AD 14000年
織女一

AD 2020年
北極星
（小熊座α）

天球北極

力矩

自轉

周期為26,000年的進動運動
（歲差運動）

地球上有潮汐力產生的力矩拉著自轉軸，導致轉軸產生進動運動。

潮汐力

潮汐力

▶ 進動運動使北極星不斷移動 〔圖2〕

每個時代都有不同的恆星移動到北方，變成北極星。

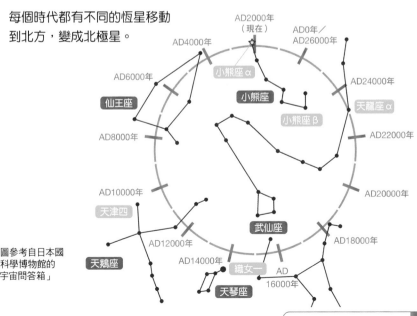

AD2000年（現在）

AD4000年

AD0年／AD26000年

AD6000年

小熊座α

AD24000年

仙王座

小熊座

天龍座α

小熊座β

AD8000年

AD22000年

AD10000年

天津四

AD20000年

武仙座

AD12000年

天鵝座

AD18000年

AD14000年

織女一

AD16000年

天琴座

本圖參考自日本國立科學博物館的「宇宙問答箱」

讓人忍不住想聊的宇宙大小事 第4章

77 [宇宙學] 「量子理論」能夠解釋宇宙的誕生嗎？

原來如此！ 量子論是用來解釋微觀世界的。
宇宙的起源也能用量子論來說明！

　　量子論是一種解釋微觀世界的理論，同時，它也是解釋宇宙起源的關鍵。那麼，量子論究竟是什麼？和宇宙之間又有什麼關聯性？

　　1,000萬分之1mm以下、比原子還小的物質世界，叫做**微觀世界**，而用來解釋光、電子等物質在微觀世界中如何運動的理論，就叫做**量子論**。人們認為，**宇宙從誕生到經過10^{-43}秒為止，都在這個微觀世界的影響之下**。在量子論中，有幾種理論可以解釋宇宙是如何開始的。

　　在量子論的世界中，會發生一些普通世界中無法想像的現象。舉例來說，假設我們把一個小粒子放到一個沒有蓋子的小盒子裡，那麼照理來說，取出小粒子的唯一辦法就是把它拿起來再取出，但是在微觀世界中，**小粒子也能藉由穿過盒子而跑到外面**。這種穿牆而出的概念就叫做「**量子穿隧效應**」。於是，有人便根據量子穿隧效應，提出了「**『宇宙蛋』從無的狀態下誕生**」的假說〔**圖1**〕。

　　此外也有一些相關的假說，譬如「宇宙從**『量子漲落』**中誕生」〔**圖2**〕。人們就像這樣，正不斷透過量子論來研究宇宙的起源。

▶量子穿隧效應使宇宙誕生？〔圖1〕

被放到小箱子裡小粒子，有一定的機率會自然地跑到外面。這種現象就叫「量子穿隧效應」。有一假說指出，宇宙蛋就是發生了這種現象，從無法跨越的牆壁內跑了出來。

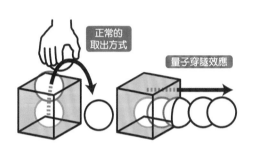

正常的取出方式

量子穿隧效應

通常，我們只能伸手把箱子裡的球拿出來，但在微觀世界裡，球卻有一定的機率會自然跑出去。

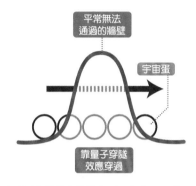

平常無法通過的牆壁

宇宙蛋

靠量子穿隧效應穿過

宇宙蛋在非常小的機率下，穿過了平常無法穿越的牆，來到了我們這裡。

▶「量子漲落」創造了宇宙？〔圖2〕

在量子論中，真空並不是空無一物的空間，而是一個所有粒子都會時而出現，時而消失的空間。這種現象就叫「量子漲落」。有一說指出，宇宙也是由量子漲落中誕生的。

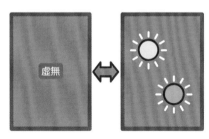

虛無

因為有量子漲落，所以微觀世界裡的粒子都會反覆地假性出現又消失。

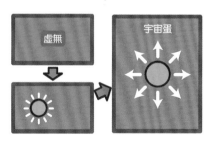

虛無

宇宙蛋

由量子漲落生成的宇宙，會有一定的機率被留下來（沒變回虛無），於是宇宙蛋就出現了。

78 生日星座占卜與實際的星座有何關聯？

[星座]

原來如此！ 在某人出生的那個月，**位在太陽方位的星座**就是他的「星座」，但現在**有點偏移了！**

　　在占星學中，黃道十二宮的星座與一個人的出生月分有關。為什麼十二星座會跟出生月分扯上關係呢？

　　地球花一年繞著太陽轉一圈。因此從地球的角度來看，每個月位在太陽方位上的星座都不一樣。這樣的變化看起來就像「太陽花了一整年在12個星座之間巡迴」。**此時，我們看到的太陽移動路徑就叫做「黃道」。而太陽通過的12個星座，則稱作黃道十二宮。**

　　約5,000年前，在美索不達米亞古文明想出星座時，4月的太陽方位上有牡羊座。這不是在晚上看到的星座，而是白天時，看不到的牡羊座就在太陽所在的方向。5月則有金牛座〔**右圖**〕。

　　於是，4月（3月21日～4月20日）出生的人就是牡羊座，5月（4月21日～5月20日）就是金牛座……依此類推。

　　然而，因為地球有**進動運動**（➡P206），所以各星座在黃道上的位置會也會慢慢移動。如今，4月的太陽方位上是雙魚座，5月則是牡羊座，**各星座都已經位移了。**

4月時，太陽的方向曾有牡羊座

▶ 出生月分與星座的關係

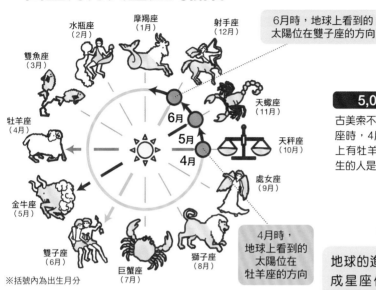

6月時，地球上看到的太陽位在雙子座的方向

4月時，地球上看到的太陽位在牡羊座的方向

水瓶座（2月）
摩羯座（1月）
射手座（12月）
雙魚座（3月）
天蠍座（11月）
牡羊座（4月）
天秤座（10月）
處女座（9月）
金牛座（5月）
雙子座（6月）
巨蟹座（7月）
獅子座（8月）

※括號內為出生月分

5,000 年前

古美索不達米亞製作星座時，4月的太陽方向上有牡羊座，因此4月生的人是牡羊座。

地球的進動運動，造成星座位置**每年偏移0.014°**，也就是大約**72年**就會往西移動**1°**。

西元 2020 年

如今，4月的太陽方向上已經不是牡羊座，而是雙魚座。其他出生星座也都跟5,000年前的星座不一樣了。

如今，6月從地球上看到的太陽，已跑到金牛座的方向上

如今，4月從地球上看到的太陽，已跑到雙魚座的方向上

水瓶座
摩羯座
射手座
雙魚座
天蠍座
牡羊座
天秤座
處女座
金牛座
雙子座
巨蟹座
獅子座

可以從地球上看到宇宙射線嗎？

原來如此！ 宇宙射線是高能量的放射線。
傳到地表的是無害的二次宇宙射線！

有一種叫做「**宇宙射線**」的東西，**會以接近光速的速度在太空中穿梭**。實際上，我們也可以從地球上看見宇宙射線的軌跡。

首先，什麼是宇宙射線呢？宇宙射線是一種**高能量放射線**。大多數的宇宙射線都是來自太陽系外的「**銀河宇宙射線**」，它們可能是受到超新星爆炸等影響，而飛到我們這裡。

宇宙射線也是一種放射線，因此對生物有害。不過，地球上有厚厚的大氣層保護著我們，因此無須擔心。在太空中穿梭的宇宙射線叫做**一次宇宙射線**，其中約有80%會以質子（氫的原子核）的形態來到地球。當這些質子碰到地球的大氣層時，就會發生反應並產生緲子或電子等。這些東西稱為**二次宇宙射線**〔**圖1**〕，會從天而降。

因為它屬於放射線，所以無法被肉眼看見。不過，**只要使用一種叫做「雲室」的設備，就能看見它了**〔**圖2**〕。雲室是一種用玻璃或其他材料做成的密封箱，裡面裝有已蒸發成氣體的酒精蒸氣。利用乾冰或其他方式使它冷卻後，酒精蒸氣就會變成過飽和狀態（很容易變成細小液體的狀態）。此時若有一束宇宙射線穿過它，它就會顯現出宇宙射線的軌跡。

雲室顯示了宇宙射線的軌跡

▶一次宇宙射線和二次宇宙射線〔圖1〕

一次宇宙射線（穿梭在宇宙中的質子等）碰到大氣層後產生反應，產生緲子、電子等二次宇宙射線，其中一部分便會落入地表。

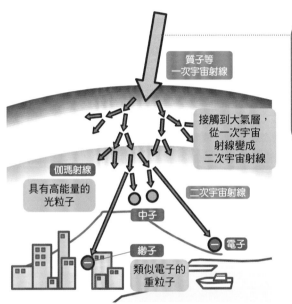

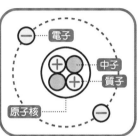

所有物質都是由原子組成的。原子的中心有「原子核」，周圍則是有「電子」。原子核由「質子」與「中子」構成。一次宇宙射線就是指質子或電子以原子核的形態到處飛。

▶透過雲室看見宇宙射線的軌跡〔圖2〕

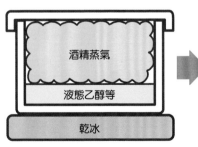

使酒精蒸氣呈現過飽和狀態（容易凝結成小液滴的狀態）。

宇宙射線通過的地方，會形成細小的液態酒精粒，使我們看見它的軌跡。

Q 宇宙射線的速度比光還快？

偶爾比光快 〉 or 〉 不可能 〉 or 〉 一直都比光快

宇宙射線是高能量放射線，以「趨近光速」的速度在宇宙中穿梭（➡P212）。那麼，宇宙射線到底能飛多快呢？有沒有可能比光速還快呢？

光

宇宙射線

愛因斯坦的狹義相對論（➡P188）指出：「**任何物體的速度都不可能超越光速**」。這麼說，宇宙射線也沒辦法飛得比光快吧？

現在，我們就先把第212頁介紹過的銀河宇宙射線擺一邊，改用來自太陽的「**太陽宇宙射線**」作為宇宙射線的速度指標，並且來看看它有多快吧。太陽光傳到地球約需**8分20秒**。至於太陽宇宙射線則需

1～2天才能傳到地球。宇宙射線之所以如此緩慢，是因為它們受到太陽磁力線的牽制，以致無法直線前進。銀河宇宙射線也是如此。據說它的抵達時間要比光慢上400倍左右。

光看這些數字或許會說「宇宙射線的速度比光慢」，但其實，也不見得所有地方都是如此。而那個地方就是我們的家園——地球上。

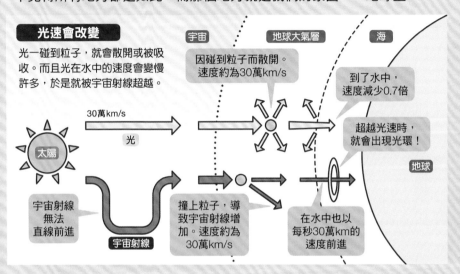

光速會改變

光一碰到粒子，就會散開或被吸收。而且光在水中的速度會變慢許多，於是就被宇宙射線超越。

宇宙　　地球大氣層　　海

30萬km/s
光

因碰到粒子而散開。
速度約為30萬km/s

到了水中，
速度減少0.7倍

超越光速時，
就會出現光環！

地球

太陽

宇宙射線
無法
直線前進

宇宙射線

撞上粒子，導致宇宙射線增加。速度約為30萬km/s

在水中也以
每秒30萬km的
速度前進

事實上，**光在大氣中的移動速度，並不像在太空中那麼快**。因此，二次宇宙射線（➡P212）的速度就比光還要快了。同樣的，光在水中的移動速度也會變慢，因此一樣會被二次宇宙射線超越。結論是，在地球上，宇宙射線的速度比光還快。

第189頁介紹的狹義相對論所說之「任何物體的速度都不可能超越光速」，其實是指真空環境下的結果。換句話說，地球上不適合光線前進，所以宇宙射線才能飛得比光還快。

80 如何成為太空人？

原來如此！ 必須通過不定期舉辦的**JAXA選拔考試**，並接受**兩年的培訓**！

怎麼做才能成為太空人？

第一步就是參加**太空人候補者選拔考試**。以日本來說，參加JAXA（日本宇宙航空研究開發機構）選拔考試的人，必須具備①自然科學領域的大學學位、②擁有3年以上的專業領域工作經驗、③英語能力……等條件〔 **圖1** 〕。JAXA並非每年舉辦甄選，而是不定期舉辦。順帶一提，2008年的選拔考試**共有963人參加，最後僅錄取3名候補太空人**。

成為候補員之後，就要在JAXA和NASA接受**兩年左右的培訓與實技訓練**。必須學習的知識有：太空船和ISS（國際太空站）的相關知識、太空科學、語言等；實技方面則有飛行器操作訓練、求生訓練等〔 **圖2** 〕。訓練結束後就是公認的太空人了。

那麼，那些獲選的人，究竟都是什麼樣的人才呢？

其實，**每個時代所需的人才都不太一樣**。起初，太空探索還在摸索階段，因此美國優先選擇軍人。而ISS建成後，進行太空實驗的科學家和維護ISS的工程師，也都成為優先徵求的人選。據悉，將來還會開放給醫師、藝術家、程式設計師等各領域的專家參與，如此一來，上太空的人就更多了。

也有人承受不了嚴格的訓練而遭到淘汰

▶ JAXA選拔考試的主要參選條件 〔表1〕

報名條件

- 具有日本國籍
- 至少大學畢業

（自然科學學系：理學系、工學系、醫學系、牙醫系、藥學系、農學系等）

- 在自然科學領域至少有三年的實務經驗
- 能夠圓滑、柔軟地面對訓練與航太事務
- 具備游泳能力
- 具備流暢的英語能力
- 具有能夠適應訓練與長期滯留的身、心狀態

※引用自2008年的招募考試要項。

▶ 選拔後的訓練 〔圖2〕

候補太空人的訓練內容主要由4種課程組成。

學習基礎知識

接受火箭和太空機械的使用訓練，並學習運用上所需的工學知識。

太空實驗訓練

認識ISS上的太空實驗與觀測任務，並接受訓練和實習，學習必備知識。

ISS的相關訓練

使用訓練用設備，學習如何操作ISS，並特別針對日本的實驗艙「希望號」做訓練。

基礎能力訓練

進行英文和俄文的訓練、飛行器操作訓練、求生訓練、著太空衣的艙外活動訓練、低壓／減壓體驗等。

飛行器操作訓練

求生訓練

艙外活動訓練

81 一般人有辦法上太空旅行嗎？

[宇宙旅行]

原來如此！ 目前已有幾項**太空旅行計畫**，
如：**彈道飛行**、**ISS生活**、**繞月旅行**等

　　將來，普通人是否能輕鬆地來趟太空旅行呢？接下來就為大家介紹幾項正在研討中的太空旅行計畫。

　　「**彈道飛行**」是一種讓人體驗失重感的小旅行。人們只要搭乘太空船升至100km處，也就是太空入口的高度，就能**體驗五分鐘左右的失重感**。這不僅能享受擺脫重力的解放感，還能欣賞窗外的渾圓地球。有一些旅遊公司已著手測試，並成功載客上升至80km處。

　　人們將來也有機會**在國際太空站（ISS）上停留**。ISS已準備好**接待民間太空人，最長可讓他們滯留三十天**。在那裡可以體驗失重狀態下的食衣住，還能從400km高的地方眺望地球。目前已有好幾位企業家上過太空站了。

　　月球旅行也在計畫中。這是一趟單程約需三天的旅行。飛到月球附近後，雖然不會著陸，但是可以**近距離觀看月球，欣賞完月球的正面和背面後便返回地球**。或許有機會在這趟旅程中，看到地球從月球地平線上升起的光景。目前，人們已著手進行一連串的太空船飛行測試，目標在2023年出發。

　　順帶一提，由於上太空旅行時，激烈的速度變化可能會引發「宇宙病」，因此必須事先做體檢並接受訓練。

▶ 各式各樣的太空旅遊計畫

彈道飛行遊太空

先由飛機運往高空,再進行分離,繼續飛向太空。費用約2,500萬日圓。

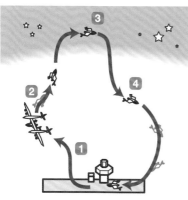

1 載運至高度15,000m處
2 火箭點火
3 在高度100km處體驗五分鐘的失重感
4 靠重力回到地球

在國際太空站上住個幾天

搭乘聯盟號或民營太空船到ISS。單程約24小時。搭乘費用至少需50億日圓。

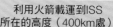
利用火箭載運到ISS
所在的高度(400km處)

到月球觀光 在軌道上與推進火箭對接後,朝著月球飛去。費用約100億日圓。

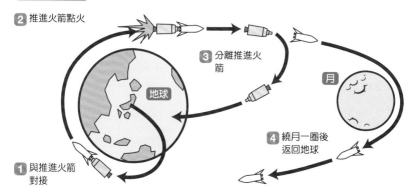

2 推進火箭點火
3 分離推進火箭
1 與推進火箭對接
4 繞月一圈後返回地球
地球
月

世間的常識從此改變

和宇宙息息相關的
探索年表

1846　伽勒（德國）等人發現**海王星**（➡P138）

1851　傅科（法國）證明了**地球自轉**

1905　愛因斯坦（德國）發表**狹義相對論**（➡P188）

1911　赫斯（奧地利）發現**宇宙射線**（➡P212）

1915　愛因斯坦發表**廣義相對論**（➡P188）

1927～　勒梅特（比利時）哈伯（美國）發現
　　　　宇宙膨脹的規律（➡P196）

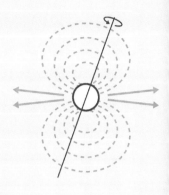

1930　湯博（美國）發現**冥王星**（➡P140）

1931　央斯基（美國）發現**來自太空的無線電波**（➡P156）

1946　伽莫夫（俄羅斯）提出**宇宙大爆炸模型**（➡P62）

1957　蘇聯（現為俄羅斯）發射第一顆人造衛星**史普尼克1號**

1965　彭齊亞斯（美國）等人發現**宇宙微波背景輻射**

1969　美國率先載人**登陸月球**執行**有人月面調查**任務（➡P114）

1971　小田稔（日本）等人在天鵝座發現一個**黑洞候選星體**

1978　古格里（美國）等人發現**空洞和大尺度結構**（➡P198）

1990　美國發射**哈伯太空望遠鏡**

1992　朱維特（美國）等人發現**太陽系外緣天體**（➡P140）

1995　麥耶和奎洛茲（瑞士）發現**系外行星**（➡P146）

1998　蓋茲（美國）等人找到**銀河系中心有黑洞**的證據

　　　珀爾穆特（美國）等人發現**宇宙加速膨脹**（➡P194）

2000　日本啟用**昴星團望遠鏡**

　　　日本開始在**國際太空站（ISS）**上停留（➡P166）

2006　國際天文學聯合會（IAU）定義了**行星、矮行星等新分類**

2013　**ALMA望遠鏡**開始運作

2015　成功觀測到**來自宇宙的重力波**（➡190）

2019　電波望遠鏡成功**拍攝到黑洞**

索引

222

參考文獻

《理科年表 2020》国立天文台（丸善出版）

《宇宙の誕生と終焉》松原隆彦（SBクリエイティブ）

《現代の天文学9 太陽系と惑星》渡部潤一・井田茂・佐々木晶（日本評論社）

《学研の図鑑LIVE 宇宙》吉川真・縣秀彦監修（学研プラス）

《ニューワイド学研の図鑑 地球・気象》猪郷久義・饒村曜監修（学研プラス）

《ニューワイド学研の図鑑 宇宙》吉川真監修（学研プラス）

《図解入門 最新地球史がよくわかる本》川上紳一・東條文治（秀和システム）

《眠れなくなるほど面白い 図解 宇宙の話》渡部潤一監修（日本文芸社）

《カラー版徹底図解 宇宙のしくみ》（新星出版社）

《宇宙用語図鑑》二間瀬敏史（マガジンハウス）

《絵でわかる宇宙地球科学》寺田健太郎（講談社）

《現代物理学が描く宇宙論》真貝寿明（共立出版）

《Newton 別冊 数学でわかる宇宙》祖父江義明（ニュートンプレス）

《Newton 別冊 宇宙大図鑑200》（ニュートンプレス）

《Newton 別冊 銀河のすべて 増補第2版》（ニュートンプレス）

《星座図鑑》藤井旭（河出書房新社）

《ダークマターと恐竜絶滅》リサ・ランドール（NHK 出版）

《宇宙のつくり方》ベン・ギリランド（丸善出版）

天文学辞典（http://astro-dic.jp/）

宇宙情報センター（http://spaceinfo.jaxa.jp/）

NASA Solar System Exploration（https://solarsystem.nasa.gov/）

国立天文台（https://www.nao.ac.jp/）

国立科学博物館 宇宙の質問箱
（https://www.kahaku.go.jp/exhibitions/vm/resource/tenmon/space/index.html）

監修者 松原隆彥

高能加速器研究機構・基本粒子原子核研究所教授，綜合研究大學院大學・高能加速器科學研究科・基本粒子原子核專門教授。理學博士。專業領域為宇宙學。曾獲日本天文學會第17屆林忠四郎獎。主要著作有《宇宙是無限的還是有限的？》（光文社）、《讓世界變簡單的日常物理學》（山與溪谷社）、《我們能夠穿越時空嗎？最新理論帶我們前往宇宙的盡頭、穿越時空》（SB Creative）等。

＜日文版工作人員＞

執筆協助	上浪春海、入澤宣幸
插圖	桔川 伸、堀口順一朗、北嶋京輔、栗生ゑゐこ
設計	佐々木容子（カラノキデザイン制作室）
編輯協助	堀内直哉

ILLUST & ZUKAI CHISHIKI ZERO DEMO TANOSHIKU YOMERU!
UCHU NO SHIKUMI supervised by Takahiko Matsubara
Copyright © 2020 Naoya Horiuchi
All rights reserved.
Original Japanese edition published by SEITO-SHA Co., Ltd., Tokyo.

This Traditional Chinese language edition is published by arrangement with SEITO-SHA Co., Ltd., Tokyo in care of Tuttle-Mori Agency, Inc.

圖解最好懂的宇宙百科

零概念也能樂在其中！探索神祕的宇宙原理＆構造

2022年2月1日初版第一刷發行

監　　修	松原隆彥
譯　　者	鄒玟羚、高詹燦
編　　輯	曾羽辰、魏紫庭
特約設計	麥爾斯
發 行 人	南部裕
發 行 所	台灣東販股份有限公司
	＜地址＞台北市南京東路4段130號2F-1
	＜電話＞（02）2577-8878
	＜傳真＞（02）2577-8896
	＜網址＞http：//www.tohan.com.tw
郵撥帳號	1405049-4
法律顧問	蕭雄淋律師
總 經 銷	聯合發行股份有限公司
	＜電話＞（02）2917-8022

著作權所有，禁止翻印轉載。
購買本書者，如遇缺頁或裝訂錯誤，
請寄回更換（海外地區除外）。
Printed in Taiwan

國家圖書館出版品預行編目資料

圖解最好懂的宇宙百科：零概念也能樂在其中！探索神祕的宇宙原理＆構造／松原隆彥監修；鄒玟羚, 高詹燦譯. -- 初版. -- 臺北市：臺灣東販股份有限公司, 2022.02
224面；14.4×21公分
ISBN 978-626-329-076-1（平裝）

1.CST: 宇宙 2.CST: 天文學
3.CST: 通俗作品

323.9　　　　　　　　　110022014

TOHAN